图 解

桃树整形修剪
从入门到精通

郝峰鸽　牛生洋　主编

中国农业出版社

北　京

前　言

　　本书以图文结合的方式，介绍了桃树整形修剪从入门到精通的技术，主要包括桃树整形修剪的基础知识，桃树整形修剪方法与技术，桃树生产上常用的树形及其培养，不同龄期和树形的桃树修剪，花果管理，桃树高接换优，修剪、嫁接工具及机械，并介绍了整形修剪应注意的问题。全书内容简明扼要，技术先进实用，图解直观生动，文图相得益彰，便于学习和操作，适合广大农民、桃树种植专业户、桃树种植爱好者学习使用，也可供果树技术人员和农林院校有关专业的师生阅读参考。

　　本书所列各种实例只适合某些地区，仅供读者朋友参考。书中提到的各种技术因桃树种类、物候期和环境条件的差异，其效果也会不同，谨请读者朋友在使用时参考。在本书编写过程中，河南科技学院、中国农业科学院郑州果树研究所领导给予了热情的关怀。此外，许多桃树种植行业的朋友提供了相关资料、数据及照片，在此，向原作者、各位同行和朋友表示衷心的感谢。

　　限于水平，书中不妥之处在所难免，敬请读者指正。

编　者

2024年8月

目 录

前言

第一章 桃树整形修剪的基础知识 ………………………… 1

一、与整形修剪相关的生长特性 ………………………… 2
  1 喜光性强 ………………………………………… 2
  2 干性弱 …………………………………………… 2
  3 结果早，寿命短 ………………………………… 2
  4 芽的类型与生长发育特性 ……………………… 3
  5 枝的类型与结果特点 …………………………… 6
  6 顶端优势 ………………………………………… 10
  7 尖削度 …………………………………………… 10
  8 修剪反应的敏感性 ……………………………… 10
  9 伤口的愈合特性 ………………………………… 11

二、桃树的树体结构 ……………………………………… 11
  1 主干 ……………………………………………… 11
  2 主枝 ……………………………………………… 11
  3 侧枝 ……………………………………………… 12
  4 结果枝组和辅养枝 ……………………………… 12
  5 主枝（骨干枝）延长枝 ………………………… 13
  6 竞争枝 …………………………………………… 13

三、修剪的时期 …………………………………………… 14
  1 休眠期修剪 ……………………………………… 14
  2 生长期修剪 ……………………………………… 14

　　　3　修剪应该注意的问题 ……………………… 15

　四、桃树整形修剪的作用、原则与依据 ………… 16

　　　1　整形修剪的作用 ……………………… 16

　　　2　整形修剪的原则 ……………………… 18

　　　3　整形修剪的依据 ……………………… 19

　五、桃树整形修剪发展趋势 …………………… 20

　　　1　轻简化修剪 …………………………… 20

　　　2　宽行密株栽培 ………………………… 20

　　　3　控制产量 ……………………………… 20

　　　4　注重四季修剪 ………………………… 20

第二章　桃树整形修剪方法与技术 ……………… 21

　一、修剪的方法 ………………………………… 22

　　　1　冬季修剪方法 ………………………… 22

　　　2　夏季修剪方法 ………………………… 28

　二、常用的修剪方式 …………………………… 30

　　　1　助势修剪和减势修剪 ………………… 30

　　　2　短枝修剪和长枝修剪 ………………… 31

　　　3　单枝更新和双枝更新 ………………… 33

　三、多效唑在桃树整形修剪中的应用 ………… 35

　　　1　多效唑的作用机制 …………………… 35

　　　2　多效唑的使用方法 …………………… 35

　　　3　多效唑使用中应该注意的问题 ……… 36

第三章　桃树生产上常用的树形及其培养 ……… 37

　一、桃树生产上常用的树形介绍 ……………… 38

　　　1　三主枝自然开心形 …………………… 38

　　　2　Y形 …………………………………… 39

　　　　3　主干形 ……………………………………………… 40

　二、常用树形的培养 …………………………………… 41

　　　　1　三主枝自然开心形 ……………………………… 41

　　　　2　Y形 ……………………………………………… 46

　　　　3　主干形 ……………………………………………… 48

第四章　不同龄期和树形的桃树修剪 …………………… 53

　一、初果期树的修剪 ………………………………… 54

　　　　1　三主枝自然开心形 ……………………………… 54

　　　　2　Y形 ……………………………………………… 57

　　　　3　主干形 ……………………………………………… 58

　二、盛果期树的修剪 ………………………………… 58

　　　　1　三主枝自然开心形 ……………………………… 59

　　　　2　Y形 ……………………………………………… 60

　　　　3　主干形 ……………………………………………… 61

　三、衰老期树的修剪 ………………………………… 62

　　　　1　三主枝自然开心形 ……………………………… 62

　　　　2　Y形 ……………………………………………… 62

　　　　3　主干形 ……………………………………………… 63

　四、问题树的改造 …………………………………… 64

　　　　1　栽植过密的树 …………………………………… 64

　　　　2　放任生长的树 …………………………………… 64

　　　　3　结果枝组过高、过大的树 ……………………… 65

　　　　4　冬季修剪不当，且未进行夏季修剪的树 ………… 66

第五章　花果管理 ………………………………………… 69

　一、桃树花果的生物学特性 ………………………… 70

　　　　1　花芽分化 ………………………………………… 70

　2　开花习性 ……………………………… 70

　3　果实发育特性 …………………………… 71

二、疏花疏果 …………………………………… 71

　1　疏花疏果的好处 ………………………… 71

　2　疏花的时期与方法 ……………………… 72

　3　疏果的时期与方法 ……………………… 72

三、保花保果 …………………………………… 75

　1　落花、落果的时期及原因 …………… 75

　2　提高坐果率的措施 ……………………… 76

四、果实套袋 …………………………………… 77

　1　果实套袋的好处 ………………………… 77

　2　果袋的种类与选择 ……………………… 77

　3　适合套袋的品种 ………………………… 78

　4　套袋时间 ………………………………… 79

　5　套袋前准备 ……………………………… 79

　6　套袋方法 ………………………………… 79

　7　摘袋 ……………………………………… 81

　8　套袋后及摘袋后管理 …………………… 81

五、铺反光膜 …………………………………… 82

　1　反光膜的选择 …………………………… 82

　2　铺设方法 ………………………………… 82

六、裂果发生的原因及防止措施 ……………… 83

　1　裂果发生的原因 ………………………… 83

　2　防止裂果发生的措施 …………………… 84

七、裂核发生的原因及防止措施 ……………… 84

　1　裂核发生的原因 ………………………… 84

　2　防止裂核发生的措施 …………………… 85

八、果实采收和包装 …………………………… 86

　1　果实采收 ………………………………… 86

　2　果品包装 ………………………………… 87

第六章　桃树高接换优 ⋯⋯⋯⋯⋯⋯⋯⋯⋯⋯⋯⋯⋯⋯⋯⋯⋯⋯ 89

一、嫁接时期及方法 ⋯⋯⋯⋯⋯⋯⋯⋯⋯⋯⋯⋯⋯⋯⋯⋯ 90
　　1　嫁接时期 ⋯⋯⋯⋯⋯⋯⋯⋯⋯⋯⋯⋯⋯⋯⋯⋯⋯ 90
　　2　嫁接方法 ⋯⋯⋯⋯⋯⋯⋯⋯⋯⋯⋯⋯⋯⋯⋯⋯⋯ 90
二、接穗、砧木的准备 ⋯⋯⋯⋯⋯⋯⋯⋯⋯⋯⋯⋯⋯⋯ 91
　　1　接穗的采集与处理 ⋯⋯⋯⋯⋯⋯⋯⋯⋯⋯⋯⋯⋯ 91
　　2　砧木的准备 ⋯⋯⋯⋯⋯⋯⋯⋯⋯⋯⋯⋯⋯⋯⋯⋯ 91
三、嫁接具体操作 ⋯⋯⋯⋯⋯⋯⋯⋯⋯⋯⋯⋯⋯⋯⋯⋯ 92
　　1　插皮接 ⋯⋯⋯⋯⋯⋯⋯⋯⋯⋯⋯⋯⋯⋯⋯⋯⋯⋯ 92
　　2　带木质部芽接 ⋯⋯⋯⋯⋯⋯⋯⋯⋯⋯⋯⋯⋯⋯⋯ 94
　　3　方块芽接 ⋯⋯⋯⋯⋯⋯⋯⋯⋯⋯⋯⋯⋯⋯⋯⋯⋯ 96
四、嫁接应该注意的问题 ⋯⋯⋯⋯⋯⋯⋯⋯⋯⋯⋯⋯⋯ 97
　　1　选择合适的天气 ⋯⋯⋯⋯⋯⋯⋯⋯⋯⋯⋯⋯⋯⋯ 97
　　2　接穗的选取 ⋯⋯⋯⋯⋯⋯⋯⋯⋯⋯⋯⋯⋯⋯⋯⋯ 97
　　3　嫁接操作 ⋯⋯⋯⋯⋯⋯⋯⋯⋯⋯⋯⋯⋯⋯⋯⋯⋯ 97
五、嫁接后的管理 ⋯⋯⋯⋯⋯⋯⋯⋯⋯⋯⋯⋯⋯⋯⋯⋯ 98
　　1　检查成活情况及解除绑膜 ⋯⋯⋯⋯⋯⋯⋯⋯⋯⋯ 98
　　2　除萌蘖 ⋯⋯⋯⋯⋯⋯⋯⋯⋯⋯⋯⋯⋯⋯⋯⋯⋯⋯ 98
　　3　立支柱培养 ⋯⋯⋯⋯⋯⋯⋯⋯⋯⋯⋯⋯⋯⋯⋯⋯ 99
　　4　田间管理 ⋯⋯⋯⋯⋯⋯⋯⋯⋯⋯⋯⋯⋯⋯⋯⋯⋯ 99

第七章　修剪、嫁接工具及机械 ⋯⋯⋯⋯⋯⋯⋯⋯⋯⋯⋯⋯ 101

一、修剪与嫁接工具 ⋯⋯⋯⋯⋯⋯⋯⋯⋯⋯⋯⋯⋯⋯⋯ 102
　　1　修枝剪 ⋯⋯⋯⋯⋯⋯⋯⋯⋯⋯⋯⋯⋯⋯⋯⋯⋯⋯ 102
　　2　梯子 ⋯⋯⋯⋯⋯⋯⋯⋯⋯⋯⋯⋯⋯⋯⋯⋯⋯⋯⋯ 103
　　3　手锯 ⋯⋯⋯⋯⋯⋯⋯⋯⋯⋯⋯⋯⋯⋯⋯⋯⋯⋯⋯ 103
　　4　嫁接刀 ⋯⋯⋯⋯⋯⋯⋯⋯⋯⋯⋯⋯⋯⋯⋯⋯⋯⋯ 103

二、修剪机械 ……………………………………… 104

　　1　升降平台 …………………………………… 104

　　2　枝条收集机 ………………………………… 105

　　3　枝条粉碎机 ………………………………… 105

主要参考文献 ……………………………………………… 106

第一章

桃树整形修剪的基础知识

桃树整形修剪发展趋势

桃树整形修剪的作用、原则与依据

修剪的时期

桃树的树体结构

与整形修剪相关的生长特性

一、与整形修剪相关的生长特性

1 喜光性强

桃树起源于我国的西北高原，在干旱和强光照的生态条件下，形成了喜光性强的特点。在光照充足的条件下，枝叶生长健壮，花芽饱满，果实品质好，树体寿命较长；光照不足时，枝条易徒长，花芽分化减少且质量差，落花落果严重，果实品质差，枝条容易枯死。

桃树喜光，树冠外围的光照条件好，因而叶片肥厚有光泽，枝条健壮充实，花芽多而饱满，果实品质好；树冠内膛的光照条件差，因而叶片薄而色浅，枝条细弱，花芽干瘪而瘦小，严重时枝条会枯死，造成内膛光秃。因此，树体枝量不宜太大，同时也要注意防止光照过强，如果枝干、果实全部裸露或向阳面受强烈日光照射，容易引起日灼。

2 干性弱

自然生长的桃树多无明显的中心干、侧生分枝和中心枝生长势相近、中心枝消失等，都充分表现出桃树干性弱的特点。自然开心形树形就是根据其干性弱的特点所设计，而主干形树形则是在人为干涉下，增强了桃树的干性。

3 结果早，寿命短

桃树定植后2～3年就开始结果，5～6年即进入盛果期，若光照比较充足，管理水平比较高，盛果期能维持20～30年。但是如果在多雨、地下水位较高的地区或者地力瘠薄的山区，再加上管理比较粗放，盛果期只能维持5～10年。

桃树的寿命比较短，通常第20年至第25年便开始衰弱，如果是在多雨、地下水位比较高的地区或者地力瘠薄的山区，在第12年至第15年树势便开始衰弱。如果在条件适宜、管理水平较高的果园，桃树的寿命能够维持大约50年。

4 芽的类型与生长发育特性

芽的类型

桃树的芽由枝条顶端或叶腋处的芽原基分化而来。根据芽的着生部位、形态特征和功能、生长特性，可以将桃树的芽分成不同的类型。

①**根据着生部位划分**。根据着生部位，芽可分为顶芽和侧芽（图1-1）。顶芽着生在枝条的顶端，为叶芽，抽生发育成枝条。侧芽着生在叶腋处，也称腋芽，可能是叶芽，也可能是花芽或复芽。在秋梢和春梢基部有些节位有叶痕而没有芽，称为盲芽，其着生的部位称盲节。盲芽不能抽生枝条或长叶而形成光秃带。

②**根据形态特征和功能划分**。根据形态特征和功能，芽可分为叶芽、花芽和盲芽（图1-2）。叶芽着生在枝条的顶端（图1-1）或叶腋处（图1-3），芽体瘦小且头尖，包被鳞片，发育成枝条或叶片。花芽着生在枝条的叶腋处，芽体饱满、肥大，包被茸毛，发育后只开花结果，且1个花芽只开1朵花，不能抽生枝条。桃树的枝条除盲节外，每一个叶腋处都有腋芽，腋芽分为

图1-1 顶芽和侧芽

图1-2 盲芽

3

单芽（图1-4）和复芽，单芽有叶芽与花芽，复芽有双复芽（图1-5）、三复芽（图1-6、图1-7），四复芽（图1-8）少见，三复芽的中间芽一般以叶芽为多。

　　花芽的饱满程度以及单芽、复芽的数量与着生的部位有关，主要受营养、光照条件影响。靠近枝条顶部的花芽和副梢果枝上的花芽，由于发育时间短，其质量不高；营养、光照条件差时易形成单芽，由于贮藏营养少，很难坐果，即使坐果，由于果实附近叶片少，因而果实品质差，在冬剪时应疏除，以减少开花消耗。

　　③**根据生长特性划分**。根据生长特性，芽可分为早熟性芽、潜伏芽和不定芽。早熟性芽指当年形成并萌发的芽。潜伏芽，也称为休眠芽、隐芽，指一年生枝条上的越冬芽在翌年不萌发，仍处于休眠状态的芽（图1-9）。桃树大部分潜伏芽的寿命只有2～3年，受到刺激会萌发，因而内膛的枝条不可以从基部疏除，而是剪留1～2个芽体以备更新之用，一旦疏除可能会导致内膛空缺不可恢复。发生部位不固定的芽称为不定芽，常发生在

剪口附近，或重剪回缩刺激诱发而生，通常旺长成徒长枝。

图1-3　叶芽

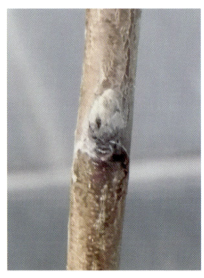

图1-4　单花芽

图1-5　双复芽（花芽—叶芽）

图1-6　三复芽（花芽—叶芽—花芽）

图1-7　三复芽（花芽—花芽—花芽）

图1-8　四复芽（花芽—叶芽—花芽—花芽）

图1-9　潜伏芽

芽的生长发育特性

①**具有早熟性**。桃树的芽具有早熟性，一年可抽生2～3次副梢，甚至更多，这有利于树体快速成形和早期丰产，在整形修剪时要利用这一特性来扩大树冠，培养理想的结果枝组。但对于已经进入结果期的树，新梢的多次旺盛生长很容易造成树冠郁闭，影响花芽形成的质量。因此，正常情况下，桃树需要进行夏季修剪来控制当年新梢的生长量，以保证树体的通风透光。

②**萌芽力和成枝力强**。叶芽能萌发枝叶的能力称为萌芽力。叶芽抽生枝条的能力称为成枝力。桃树是强萌芽力和成枝力树种，再加之早熟芽的多次抽生发枝，一年抽生的枝条量很大。

③**芽的异质性**。枝条在生长发育过程中，由于受内部营养状况和外界环境条件的影响，不同时期、不同部位所形成的芽在质量上有很大差异，这种芽质量的差异称为芽的异质性。一般情况下，桃树大多数枝条都是基部和上部的芽质量较差，中部的芽质量较好，而在中部往往以中上部最好，但也会出现短枝的上部芽质量好的现象。因此，在疏花疏果时，位于枝条基部、上部的花和果优先去除。

5　枝的类型与结果特点

桃树一年生枝条根据其上花芽的有无，分为生长枝和结果枝。因为桃树的花芽形成相对容易，所以绝大部分的一年生枝都属于结果枝。

生长枝

①**发育枝**。长度大于60厘米，生长健壮，枝条充实，只着生叶

芽，或上部有几个瘦小的花芽，有大量副梢。发育枝可用于扩大树冠、形成骨架，也可培养成结果枝组。

②**徒长枝**。长度大于100厘米，生长强旺，枝条粗壮，节间长，叶片大，芽体小，组织不充实，消耗养分较多，其上多数发生二次枝，甚至三次枝。徒长枝多于伤口附近形成或为休眠芽受刺激而成。幼树上发生时，常利用二次枝作为树冠的骨干枝；成年树可利用其培养成枝组，填补空缺部位；衰老树则利用徒长枝更新树冠，所以若发生的位置恰当可用来迅速恢复树冠，若位置不当，应尽早去除。

③**叶丛枝**。多由枝梢基部的芽萌发而成，是仅有1个顶生叶芽的极短枝，长1厘米以下（图1-10）。叶丛枝多发生在弱枝上，萌发后不久即停止生长。这种枝延续多年仍为叶丛枝，当营养条件好转时，其中生长良好的可形成中、短果枝；如果受到刺激，形成强枝或徒长枝，可将其用于更新老枝（图1-11）。叶丛枝生长弱时，常于当年落叶后枯死。一般衰老桃树多抽生这种枝条。

a　　　　　　　　　　b

图1-10　叶丛枝

a.一至二年生枝　b.多年生枝

图1-11　叶丛枝受刺激萌发

图1-12　短果枝

结果枝

①**徒长性果枝**。指长度为60厘米以上的结果枝。徒长性果枝生长势旺，枝的先端多着生二次枝，枝上花芽少，多分布在骨干枝背上和主枝延长头处，结果少且容易脱落，一般不留。

②**长果枝**。指长度为30～60厘米的结果枝，多分布在树冠的中部和上部，一般有二次枝。强旺的长果枝花芽少、叶芽多；中庸的长果枝花芽质量较好，复芽多，花芽比例高，在结果的同时能抽生健壮的新梢，翌年形成结果枝。

③**中果枝**。指长度为10～30厘米的结果枝，多分布在树冠的中部。枝条较细，生长中庸，单芽、复芽混生，结果后一般只能抽生短果枝，是较好的结果枝。

④**短果枝**。指长度为5～10厘米的结果枝，多分布在树冠内膛、结果枝组的下部或侧枝中下部，生长弱，节间短，叶芽少，花芽多，除顶芽为叶芽外，大部分为单花芽（图1-12）。

⑤**花束状果枝**。指长度为5厘米以下的结果枝，顶芽为叶芽，侧芽多为单花芽，节间极短，形状似花束（图1-13）。花束状果枝分布在结果枝组的下部。

图1-13　花束状果枝

枝条的结果特点

桃树的结果枝类型随品种、树龄的不同而不同。南方品种群树姿开张，生长势较缓和，以中、长果枝结果为主。北方品种群树姿直立，生长旺盛，以短果枝结果为主，虽然其长果枝能结果，但是坐果率比较低，而且果实发育不良，容易形成"桃奴"，或者因果个太大导致成熟前自然落果。一般幼树以中、长果枝结果为主；盛果期树以长、中、短果枝配合结果为主。

桃树不同于其他果树，它对一年生枝条的直径要求比较严格，生产上一般表现为枝条直径0.6～0.8厘米结果好，当枝条直径超过1厘米时，随着枝条直径的增加，坐果率降低，果个减小（图1-14），因此

图1-14　映霜红不同直径枝条结果大小

在修剪时必须掌握这一原则。另外，枝条的直径还必须与长度相匹配，如果直径足够，但长度不足时坐果率降低。因此对于桃树的结果母枝，冬剪时原则上不做短截处理，如果受病虫危害，长度不够时只能疏除。

6　顶端优势

位于枝条顶端的芽或枝条，萌芽力和生长势最强，而向下依次减弱的现象称为顶端优势。对一个一年生枝来说，顶芽的优势最强，侧芽依次减弱；对一个主枝来说，延长枝的优势最强，分枝依次减弱，而靠近延长枝、角度小的分枝顶端优势明显，基部角度大的分枝顶端优势不明显。

从枝条的生长态势来看，直立生长的枝条顶端优势最明显，斜生枝次之，水平枝弱，下垂枝更弱。从枝条的发生部位来看，处于树冠外围、顶端以及枝条背上等的枝条生长势强，而处于树冠下部、枝条背下等的枝条生长势弱。所以，桃树的树冠经常会出现外强内弱、上强下弱、背上生旺条、下部和树冠内枝条容易死亡的现象，造成结果部位外移。

7　尖削度

骨干枝的基部到梢端逐渐变细，其基部和梢端直径的差异越大，则尖削度越大。骨干枝的尖削度大，其负载量就大。桃树多发生二次枝、三次枝，大量的分枝使得骨干枝容易形成较大的尖削度。

8　修剪反应的敏感性

桃树的花芽形成容易，正常情况下桃树修剪不会像苹果那样影响花芽的形成，但桃树在修剪后新梢发生的反应却更敏感。一个30厘米长的发育枝，如果在冬季修剪时进行短截处理，当年就可萌发出6个以上的新梢。在生产中，传统栽培的果园多采用短截修剪的方式，通常是对树体的大部分一年生枝进行不同程度的短截处理，一方面可以分散短截枝条带来的修剪反应敏感性，另一方面也可使树体结构更紧凑。如果在幼旺树上采用这种传统的短截修剪过重，就容易引起树体的营养生长过旺及推迟幼树的结果年龄。以缓放为主的长枝修剪技术很好地降低了桃树对修剪反应的敏感程度，缓和了桃树的生长势，促进了幼旺树早结果、早丰产。

桃的不同品种群其修剪反应不一样。一般北方品种群的修剪反应大，如肥城桃、五月鲜、中华寿桃等品种，修剪可适当轻些，培养一些中、短果枝结果。如果修剪过重，容易刺激枝梢大量旺长而影响结果。对于南方品种群，如上海水蜜、雨花露、白凤等品种，修剪可以适当重些，以促发较多的中、长果枝，修剪得轻或重对结果影响不大。

9 伤口的愈合特性

桃树的皮层中含有大量易氧化的酚类物质，这些酚类物质容易造成伤口愈合速度减慢，伤口越大愈合越困难。这些修剪后留下的较大的伤口如果不能及时愈合会引发流胶病、腐烂病和干腐病等，轻者造成枝干干枯死亡，严重时影响树体的寿命。因此，在修剪过程中应尽可能减少或缩小伤口，对于一些大枝的回缩除了保持伤口平滑，还应该涂抹愈合剂以促进伤口愈合。

二、桃树的树体结构

桃树的地上部分由主干和树冠两部分组成。树冠的构成会因为树形的不同而有差异，一般包括主枝、侧枝、结果枝组、结果枝等部分。

1 主干

地面（根颈处）到发生第一分枝处之间的树体（图1-15）。

2 主枝

从中心主干上分生出来的大枝条，是构成树冠的永久性骨干枝之一（图1-15）。三主枝自然开心形树体有3个主枝，而主干形树体没有主枝，结果枝和结果枝组直接着生在中心主干上。

图1-15　Y形树体结构

3　侧枝

　　侧枝着生在主枝的合适位置，是结果枝组的载体，也是构成树冠的永久性骨干枝之一。一般栽植密度越小，树体越大，则侧枝越多。侧枝的角度比主枝的大，长势不如主枝，在树体结构上形成层次。

4　结果枝组和辅养枝

　　结果枝组由着生在主枝、侧枝或中心主干上的徒长性果枝和健壮的长果枝培养而成。结果枝组有小、中和大型（图1-15）3类，分枝所占空间直径分别约为40、60、80厘米。结果枝组的长势与主枝、侧枝保持一定的从属关系。

　　桃树在幼树期发枝量大，生长快，为加快树冠的扩大和成形，会保留一些枝来辅助树体的生长，这些在整形过程中所保留的临时性枝被称为辅养枝。桃树成花容易，这些辅养枝实际上是临时性结果枝组，随着树体的长大，光照条件变差，要及时将其疏除或回缩改为结果枝组。

5 主枝（骨干枝）延长枝

主枝（骨干枝）先端延伸生长的枝条（图1-16）。在树成形前，通过短截留芽的不同，调整主枝的延伸方向和角度，扩大树冠；成形后，合适的延长枝可保持主枝（骨干枝）的长势和树冠稳定。

6 竞争枝

与主枝（骨干枝）延长枝基部相邻，且与主枝（骨干枝）长势相近的枝条（图1-16）。

主枝延长枝

竞争枝

图1-16　主枝（骨干枝）延长枝和竞争枝

二、桃树的树体结构

13

三、修剪的时期

1 休眠期修剪

　　休眠期修剪也称为冬季修剪，从桃树落叶后开始，到萌芽前结束。桃树落叶进入休眠期后，其代谢以呼吸消耗为主，早修剪可以减少消耗，节省树体贮存的营养。桃树正常的冬季修剪时期应在第一次霜冻后20～30天（12月上旬至翌年2月上旬），具体还要看品种、树龄、树势。一般落叶早的品种先修剪，落叶晚的品种后修剪；老树、弱树先修剪，幼龄树、强壮树后修剪。有些品种生长势过旺，可延迟至萌芽前修剪，以削弱树势。在冬季寒冷干燥地区，为防幼旺树"抽条"，应在严寒之前完成修剪。雾天和早上露水未干时不修剪，因为伤口湿润容易感染病菌。

2 生长期修剪

　　生长期修剪也称夏季修剪[1]，可分为春季修剪、夏季修剪[2]和秋季修剪。

春季修剪

　　春季修剪又称花前复剪，在萌芽后至开花前进行，如疏除、短截结果枝和枯枝，回缩辅养枝和枝组，调整花叶比例等。

夏季修剪

　　夏季修剪指开花后至立秋前的修剪，如除萌、抹芽、摘心、剪梢、疏枝、拉枝等。夏季修剪可及时调整树体生长发育，减少无效生长，节省养分，改善通风透光条件，调节主枝角度，平衡树势，促进新梢基部的花芽饱满，有利于提高树体产量和果实品质。

秋季修剪

　　秋季修剪，从立秋前一周开始，到霜降结束。对一些通风透光较好的中庸树、化控合理的树可不进行秋季修剪；旺树、强壮树疏除过密枝、影响光照的徒长枝、结果后的老枝。

----

　　① 指整个生长期的修剪，本书中其他章节出现的夏季修剪都是此意思。
　　② 指在夏季进行的修剪。

初秋时期，疏除少量树冠上部和外围挡光严重的大枝、树体内膛的直立枝以及立秋以前因修剪过重而在立秋后出现的新梢、根颈部的萌蘖等，改善通风透光条件，促进花芽形态分化。

中秋时期，从处暑至秋分，一般不需要修剪，但对于此时成熟的晚熟品种，可轻疏一部分影响果实着色的枝条。

晚秋时期，从寒露至霜降，此期花芽基本发育完成，树体养分开始逐渐由叶片向根部回流，修剪力度可大些，主要对象是强旺树、上强下弱树，调整树势，使树体上下、树冠内外平衡。

3 修剪应该注意的问题

休眠期修剪和生长期修剪的关系

桃树科学的整形修剪应是休眠期与生长期修剪相结合，以生长期修剪为主、休眠期修剪为辅。生长期修剪是培育良好的丰产树形，调节树势、枝势，实现早果、优质、丰产、稳产的重要技术措施。

生长期修剪应该注意的问题

①修剪的次数。一般，桃树从5月初开始进入全年旺盛生长期，这个旺盛生长期持续到6月末，而修剪一般从5月上旬开始，每隔15～20天进行1次，根据桃树的长势连续修剪2～3次，7月以后，每月可修剪1次或者不剪，生长期共修剪5～7次。结合化学调控技术，可减少生长期修剪的次数。总之，少量、多次、勤剪要比少次而大量修剪省工，更有利于早果、优质、丰产。

②修剪量。生长期修剪对树体生长抑制作用较大，每次修剪量要小，不要超过树体枝叶量的5%。

③控制树冠体积。修剪时注意控制树冠体积，使树体上小下大，行间留出1米左右的通风透光和作业带，保证桃树3面或4面光照时间长，下部光照充足。

④及时有效地修剪。固定专人熟练掌握桃树不同时期的修剪方法，发芽后第一遍修剪完成再进行下一遍修剪，及时快速有效地调整树形、树体结构、枝条布局，培养稳固的树体骨架和结果枝组，做到树上始终没有要去的大枝，达到枝条分布合理、光照均匀的目的。

四、桃树整形修剪的作用、原则与依据

1 整形修剪的作用

整形修剪通过调节个体、群体结构以及树体各部分之间的平衡，改善通风透光条件，充分合理地利用空间和光照，使桃树适应环境，向着有利的方向发展。

培养合理的树形，充分利用资源

根据桃树生长、结果特性及立地条件，培养合理的树形，充分利用土地、光照和空间。在土壤瘠薄、缺少水源的山地和旱地，适当增加栽植密度，采用小冠树形以提高光利用率。通过整形修剪有效控制树体，有利于生产管理和农业机械的使用，提高生产效率，降低成本。

促使早结果，延长经济寿命

在幼树期，营养生长处于主导地位，枝条生长旺盛，通过开张枝条角度、轻剪缓放等合理的修剪，促进成花，提早进入结果期。桃树结果量大会严重影响树势，通过合理地整形修剪，调节挂果量，防止树体早衰，延长丰产年限。

调节生长与结果之间以及树体各部分之间的平衡

①生长与结果之间的平衡。生长与结果是树体整个生命活动过程中的一对基本矛盾，生长是结果的基础，结果是生长的目的。从桃树结果开始，生长和结果长期并存，两者相互制约，又可相互转化。修剪是调节营养器官和生殖器官之间平衡的重要手段，修剪重可以促进营养生长，降低产量，修剪轻有利于结果而不利于营养生长。

合理的修剪方法应既有利于营养生长，也有利于生殖生长。对幼年树的综合管理措施应当有利于促进营养生长，适时停长，壮而不旺。整形修剪可以通过采取开张角度、促进分枝、抑制过旺新梢生长等措施，创造有利于向结果方面适时转化的条件。盛果期树花量大、结果多，树势衰弱和大小年结果是主要问题。通过修剪和疏花疏果等综合配套技术措施，可以有效地调节营养生长和生殖生长的矛盾，克服大小年结果，实现年年丰产，又保持适度的营养生长，维持优质丰产的树势。

②地上部与地下部的动态平衡。树体的地上部与地下部相互依赖、相互制约，二者保持着动态平衡关系。"根靠叶养、叶靠根长"，任何一方的变化都可能导致整体平衡被打破。地上部剪掉部分枝条，地下部比例相对增加，对地上部的枝芽生长有促进作用；若断根较多，地上部比例相对增加，对地上部生长会有抑制作用；地上部和地下部同时修剪，虽然能相对保持平衡，但对总体生长会有抑制作用。

根系适度修剪有利于树体生长，但断根较多则抑制生长。断根时期很重要，秋季地上部生长已趋于停止，并向根系转移养分，这时结合施基肥适度断根有利于根系的更新，对地上部影响也小。在地上部新梢和果实迅速生长时断根，对地上部抑制作用较大。

③同类器官间的平衡。枝条、花果之间存在着养分竞争关系，常有"满树花半树果，半树花满树果"的说法，表明花量过大，坐果率并不高，通过细致修剪和疏花疏果，可以留优去劣，去密留稀，集中养分，保证剪留的果枝、花芽结果良好。

提高果实产量和品质

合理的整形修剪除能发挥每株树的生产潜力外，还可发挥每株树上每一根枝条的生产潜力，使全树枝条分布合理，配置得当，从属关系分明，各枝间生长一致，树势均衡、健壮，不相互制约和影响，从而增强树体长势，提高果实产量。

合理的整形修剪对于每株树上的枝条，根据其着生位置、延伸方向、开张角度、直径以及占有空间的大小确定合理的留果量，使各树以及同一株树的各主枝都能合理负载，并保持良好的通风透光条件，使所结果实大小整齐一致，果面光洁，着色好，果实品质高。

改善树体营养，提高抗逆能力

桃树在春季萌芽后50天左右的时间，其生长依赖于上一年贮存的营养，而桃树开花量大，这一过程会消耗大量的营养。进行合理修剪，去除部分花芽，再加上疏花疏果，可以减少树体的

17

营养消耗。但是在修剪过程中，去除枝条无疑会带走一些贮藏营养，所以修剪程度应尽量控制在最低限度以内，剪去的部位最好是贮藏组织不发达的部位。因此，应最大限度地在夏、秋季进行修剪，尽量减少冬季修剪量，而且冬季修剪的时间最好安排在树体营养回流以后。

合理的整形修剪可使树冠保持良好的通风透光条件，减少病虫害的发生。在修剪过程中，还可及时剪除衰老枝、病虫枝，减少病虫危害和蔓延的机会，使树体少受或免受病虫危害，增强树体的抗逆能力，减少农药的使用，保证果园环境安全，生产可放心食用的果实。

2　整形修剪的原则

因树修剪，随枝做形

合理的树形有利于实现高产和优质，但是每株树上枝条的位置、角度和数量各不相同，比如三主枝在主干上的位置不同，不同主枝上的侧枝在主枝上着生位置也不完全一样，要做到树上的枝条不杂乱，有层次，这就需要根据具体情况灵活掌握。

密株不密枝，枝枝见光

虽然桃树可以密植，但单位土地面积的枝量应保持合理，做到枝枝见光，只有这样才能保证有健壮的结果枝。骨干枝是结果枝的载体，骨干枝过多，必然导致结果枝少，产量低。因此，在较密植的桃园中，要适当减少骨干枝的数量。

主从分明，树势均衡

主枝的角度比侧枝小，生长势比侧枝强，以保持平衡的长势和主、侧枝之间明确的主从关系，避免出现上强下弱或上弱下强的现象。如果骨干枝之间长势不平衡，就要采取多种手段抑强扶弱，使各骨干枝均衡生长。

冬夏剪结合，以夏季修剪为主

桃树的芽有早熟性，易发生副梢，导致树冠内枝量过大、郁闭、通风透光差，通过夏季修剪，及时去除过密枝、徒长枝等，改善通风透光条件，减少无效生长。因此，除了进行冬季修剪外，应强调在生长期进行多次修剪。

品种特性

桃树品种不同，其萌芽力、成枝力、分枝角度、成花难易、坐果率等也各不相同，要依据不同品种的特点进行整形修剪。对于树姿开张、长势弱的品种，整形修剪应注意抬高主枝的角度；对于树姿直立、长势强的品种，则应注意开张角度，缓和树势。

树龄和树势

桃树不同的树龄，生长和结果的表现不同，对整形修剪的要求也不同。幼树期和初结果期树体生长旺盛，以缓和生长势为主，修剪量宜轻，结果枝多长放。盛果期修剪的主要任务是保持树体健壮生长，以延长盛果期的年限。盛果后期树体生长势变弱，应缩小主枝开张角度，并多进行短截和回缩，以增强枝条的生长势。

旺树以长放为主，缓和树势，促进成花结果；弱树则以树体更新复壮为主。

修剪反应

不同的桃树品种，其主要结果枝类型和长度不同，枝条剪截后的反应也不相同。以长果枝结果为主的品种，其枝条生长势强，短截后仍能萌发具有结果能力的枝条。以中、短果枝结果为主的品种，则需轻剪长放以培养中、短果枝，才能多结果。

栽培方式

露地栽培的中密度和较稀植的桃树，生长空间较大，应采用三主枝自然开心形树形，使树冠向四周伸展。对于密植栽培或设施栽培的桃树，由于空间有限，采用两主枝Y形或主干形树形为宜。

立地条件

对于土壤肥沃、水分充足的平地桃园，树体生长较旺，应采用大冠树形，以轻剪为主，以缓和树势，提早结果；土壤瘠薄或缺水的山丘地桃园，树势较弱，应采用小冠树形，并注意树体的复壮修剪。

五、桃树整形修剪发展趋势

1 轻简化修剪

轻简化即去繁就简，避重就轻，用简单的办法解决复杂的问题，同时便于农业机械应用，减少人工投入。随着我国人口老龄化，劳动力成本越来越高，生产上机械的应用程度越来越高，如机械疏花、机械修剪等。幼树轻剪长放，见花留枝，利用产量控树；成龄树用长梢修剪，标准化留枝，强化生长季控制。树体分枝级次减少，单位面积骨干枝数量减少，简化修剪技术，减少修剪用工量。

2 宽行密株栽培

宽行，通风透光好，管理方便，便于机械如自走式打药机、果园割草机、微耕机、履带开沟施肥机等作业。密株，密度大，便于选用小冠树形，树体结构简化，整形修剪技术易掌握，树体成形早，丰产早。

3 控制产量

为了保证果实的品质，必须对产量有所限制。应改变片面追求高产的生产习惯，向生产优质果实转变，要将产量目标改变为效益目标。

4 注重四季修剪

由重视冬季修剪向四季修剪转化，利用桃树芽的早熟性、成枝力强的特性，在生长季节摘心促发侧枝，使树体早成形、早丰产。通过疏枝，改善树体通风透光条件，提高果实品质。

第二章

桃树整形修剪方法与技术

修剪的方法

常用的修剪方式

多效唑在桃树整形修剪中的应用

整形修剪是桃树生产中重要的栽培技术之一。桃树在幼树期以修剪为主要手段实现整形目标，使树体具有一定的形状。修剪贯穿树体生长的始终，通过修剪维持树体结构，使其能够合理利用空间，充分利用光照，达到优质、高产和稳产的目的。

一、修剪的方法

桃树的修剪同其他果树一样，分冬季修剪和夏季修剪。冬季修剪在落叶后至萌芽之前进行，也称为休眠季修剪，主要采用短截、疏枝、回缩和缓放等措施；夏季修剪在萌芽后至落叶前进行，主要采用抹芽、摘心、疏枝和拉枝等措施。因为桃树伤口愈合速度慢，并且容易流胶，所以生产上一般情况下不进行刻芽、环割、环剥和扭梢等容易对枝条和树体造成伤害的修剪技术措施。

1　冬季修剪方法

短截

剪去一年生枝条的一部分称为短截。短截剪口下的第一个芽称为剪口芽。短截可集中养分抽生新梢和坐果，增加分枝数量，以保证树体健壮和正常结果，常用于主枝延长枝修剪、培养结果枝组和更新复壮等。根据短截程度，可分为轻短截、中短截、重短截、极重短截4种。由于芽的异质性影响，不同的短截程度，枝条反应不一样，而且因枝条的着生位置和生长状况不同，对短截的反应也略有差异。枝条生长势强，则短截反应强烈，反之则反应弱。

① **轻短截。**剪去枝条的1/5 ~ 1/4或前面的盲节部分。轻短截去除了枝条顶部生长点，剪口芽是枝条梢部的弱芽，顶端优势向下移后，促进了萌芽力和成枝力的增强，而由于枝条上剪口芽的基础弱，又不至于对成枝力产生太大的刺激。一般剪口下萌发2 ~ 3个中庸枝，其下萌发形成数个短枝，多集中在枝条的中部和中上部，形成短果枝。短枝萌发的数量与枝条的芽体关系较大，芽体饱满萌发短枝多，芽体秕小，顶端抽生长枝多，下部

萌发短枝少。轻短截缓和了枝条的生长势，有利于早结果。

②**中短截**。剪去枝条的1/3～1/2。由于中短截的剪口芽是壮芽，因此刺激枝条生长的作用较强，有利于促发强旺枝。一般剪口下萌发2～4个较强的中长枝，其下萌发短枝。对中弱枝中短截，能较好地刺激生长。对强旺枝中短截，则会促使其生长更旺，形成短枝较少。幼树期中短截，有利于促发强旺枝，增加骨干枝尖削度，培养稳定的骨架结构。结果的成龄树进行中短截，有利于增强生长势，促进花芽饱满并提高产量。

③**重短截**。剪去枝条的1/2～2/3。重短截剪口芽较壮，一般剪口下发生1～2个旺枝，多数为剪口枝旺盛生长，其下萌发很少的短枝，刺激营养生长的作用强（图2-1）。重短截能促进新梢生长，提高中、长枝的比例。对壮旺树骨干枝、延长枝进行重短截，可以减少树体总生长量。对骨干枝的背上枝进行重短截，第二年抽生的新梢去强留弱、去直留斜，可培养成结果枝组。

④**极重短截**。剪去枝条的

图2-1　夏季对徒长枝重短截后的生长反应

3/4以上。极重短截剪口芽是弱芽，一般剪口下抽生2个较弱的分枝，或一强一弱的分枝。这种剪法多用在以发育枝、徒长性结果枝来培养结果枝组上。夏剪时，在6月以前常用到此方法，对主、侧枝上有生长空间的徒长枝留2～3个芽进行极重短截，可培养新的结果枝或中、小型结果枝组。

短截刺激局部生长的作用较大，但短截过多或过重也会抑制树冠的整体生长和扩大，减少同化物的量，削弱花芽分化能力，同时也削弱了根系的生长。因此，幼旺树或强枝的短截程度要从轻，以缓和树势，早结果。老树、弱树和细弱枝应在壮芽处重短截，以促发长枝，恢复树势。

温 馨 提 示

特别注意3点：①无论进行哪种程度的短截，剪口一定要留叶芽，否则不能抽生预想的枝条；②不能在盲节处短截，因为盲节没有芽，不能长叶或抽生枝条，容易形成干梢；③短截时，从芽的对面下剪，剪口形成约45°的斜面，斜面下部与芽基部相平，这样伤口容易愈合（图2-2）。

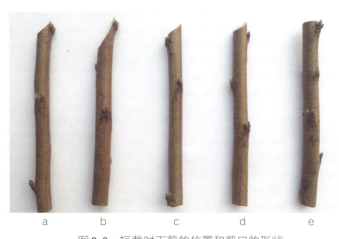

图2-2　短截时下剪的位置和剪口的形状
a.正确　b.伤口过大　c.剪口在芽同侧　d.剪口过高　e.剪口为平面

疏枝

疏枝是指将一年生或多年生枝条从基部剪除。通过疏除不能利用的徒长枝、竞争枝、交叉枝、重叠枝、过密枝、细弱枝、病虫枝等，可达到平衡树势、改善通风透光的目的。疏枝对树体的影响，从总体上讲，由于减少了树体的枝芽，有集中营养的作用；但从局部来讲，有"抑上促下"的作用，即疏枝会削弱剪口以上枝的生长势，而对剪口以下的枝有促进生长的作用，疏去的枝越大，伤口越大，作用越明显，如图2-3，这主要是因为疏去枝条c产生的伤口影响了水分和矿质营养等向上运送给枝条d，更多地供应给伤口下的枝条a和枝条b。另外，疏枝还可用于平衡主枝间的生长势，即对长势强的主枝多疏、少截，而对长势弱的主枝多截、少疏。

疏枝的剪口或锯口留斜面，以利伤口愈合，尤其是用锯时，斜锯留桩，即从上往下锯，锯背贴住所要去掉的枝条着生的树干，锯刃往外稍倾斜，锯口留成马蹄形，锯口下部离树干约1厘米（图2-4a）。如果锯口上下一样齐，都贴住树皮，则会削弱枝干的长势，且不利于伤口的愈合（图2-4b）；如果锯口留桩过长，伤口对枝干生长的影响小，但由

图2-3　疏枝效应

于桃树隐芽寿命短，锯口很难抽生枝条，因而易形成干桩（图2-4c）。去掉较大的枝时，为防止劈裂，一般先从背下距树干1厘米处向上锯到枝条直径的1/3左右，再从背上将锯背贴住树干

a

b

c

图2-4　锯大枝下锯的部位

a.斜锯留桩，锯口易愈合　b.贴树皮锯，伤口过大　c.留桩锯，易形成干桩

向下锯，上下锯口要对上（图2-5）。如果锯口毛糙，要用刀把边面削光，最后再涂抹愈合剂保护伤口，注意愈合剂除涂抹锯口外，还要延伸到锯口周围的树皮（图2-6、图2-7）。

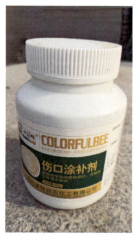

图2-5　大枝的锯法之一　　图2-6　锯口涂抹愈合剂　　图2-7　商品愈合剂

回缩

对多年生枝的短截称为回缩。回缩减少了枝芽数量，使贮藏养分集中供应，同时改变了养分流通的方向和途径，使枝群中后部分枝得到较多养分，主要用于调整树体或枝组的长势、改变骨干枝或枝组的延伸方向、避免交叉和重叠以改善通风透光条件等。当主枝、侧枝、辅养枝或结果枝组延伸过长，影响其他枝生长时，应及时回缩（图2-8）。当主枝、侧枝或结果枝组开张角度太大并开始变弱时，进行回缩，可以回缩到直立枝上，抬高角度，以增强其生长势。对于过高的结果枝组要及时进行回缩，以抑制其生长势。

总之，桃树的回缩应及早进行。对于花束状果枝和叶丛枝多的多年生枝，一般应回缩至有较大分枝的部位，最好是直立枝的部位（图2-9）；对于生长弱，没有分枝或无合适分枝的多年生枝，可回缩到比较壮的背上叶丛枝处（图2-10）。

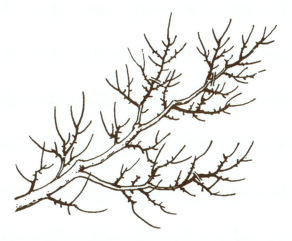

图2-8 对主枝上不同类型的枝及时进行回缩

图2-9 叶丛枝较多的多年生枝，回缩到直立枝部位

图2-10 多年生弱枝，回缩到比较壮的叶丛枝上

缓放

缓放也称长放、甩放，是指对一年生枝不实施短截、疏枝等措施，任其生长，由于营养相对分散，从而缓和了枝条的长势，因而称缓放。在疏枝和回缩修剪完成后，树上留下的各种一年生结果枝和营养枝可进行缓放。长果枝缓放可以缓和长势，在结果的同时形成适宜的结果枝，以备第二年结果。另外，缓放还可以提高坐果率和果实品质，但必须和疏果相结合。一般对于幼树和长势偏旺的树，多疏枝和缓放，而对于较弱或衰老树多短截与回缩。

2 夏季修剪方法

抹芽

抹芽通常在春季萌芽生长到5厘米之前进行，主要是将主枝、侧枝或树冠上部的并生芽、过密芽，背上多余的徒长芽（图2-11），剪口下的竞争芽及萌蘖等及时抹去，或结合疏果抹去，这样有利于集中贮存营养的利用，使新梢生长整齐，也能减少以后的疏枝量，达到省工省力的目的。

图2-11　幼树主枝上的背上徒长芽和并生芽

摘心

在生长季节，将正在生长的新梢顶端掐（剪）去一段称为摘心。摘心可及时控制营养生长，促进树体二次枝和三次枝的萌发与生长，在幼树快速整形及成年树枝组培养与更新中经常使用。要想使摘心后长成的副梢能发育成良好的结果枝，摘心应在5月上中旬至6月末进行，摘心过晚形成的花芽质量差。

在多雨地区或季节，摘心一定是剪去新梢未完全木质化的部分，已经木质化的部分雨季修剪容易引起流胶病发生。

疏枝

疏枝是将徒长枝、直立强旺枝、无果的过密枝、光照不良的纤细枝等从基部疏除。

回缩

对桃树早熟品种，可在果实采收后将过长、过高及过低的骨干枝或结果枝组进行回缩。夏季修剪的回缩不宜太重，否则会刺激回缩部位附近萌芽长出徒长枝。

拉枝

6—9月要对直立的骨干枝进行拉枝，以开张角度。用绳索把枝条拉向所需要的方向或角度，拉枝时要活套缚枝或垫上皮垫，以免勒伤枝条。

捋枝

也称拿枝，待新梢基部生长牢固后，从枝条基部开始，用手揉弯枝条，改变枝条的开张角度或生长方向。捋枝是控制和利用一年生直立枝、竞争枝和其他旺长枝条的有效措施（图2-12）。

图2-12　通过捋枝改变直立枝的生长方向

二、常用的修剪方式

1 助势修剪和减势修剪

总体来说，修剪对树体起削弱作用，但对树体的局部来说却是相对增强或削弱生长势，这种增强或削弱生长势的修剪方法分别称为助势修剪和减势修剪。

留壮芽与弱芽

芽体质量的好坏决定抽生枝条的强弱，即壮芽抽壮枝、弱芽抽弱枝，根据需要在剪口留合适的芽。在幼树期，对主干、主枝的延长头短截，剪口留壮芽，抽生壮枝，迅速扩大树冠。

去平留直与去直留平

疏除开张角度大的枝条，留较直立的枝条，生长势易转弱为强；反之，保留开张角度大的枝条，可使生长势中庸。

疏果和多留果

坐果后，疏掉部分幼果，减少果枝的负载量；多留果，尤其是超过正常的负载量，生长势会明显减弱，以果压枝（树），即以多结果来抑制枝条（树体）的生长。

留上芽与下芽

处于枝条背上的芽为上芽，因为其所处的位置优越，易于萌发，抽生的枝条较直立，生长旺盛；处于枝条背下的芽为下芽，其不易萌发，若剪口留下芽，萌发后枝条基部开张角度大，长势较弱。

增加生长点和减少生长点

通过短截、摘心促发枝条，增强营养生长，可增加母枝的生长量；通过疏枝减弱营养生长，减少母枝的生长量。

抬高角度与开张角度

对多年生枝通过向上拉的办法抬高角度，可增强生长势，与去平留直道理相同；而向下拉枝，开张角度，削弱长势。

2 短枝修剪和长枝修剪

为了利于桃树枝条的更新，限制枝条的伸长生长，传统冬季修剪以短截为主，要"枝枝过剪"，修剪后所保留的果枝平均长度短，称为短枝修剪。随着生产技术的进步、栽培条件的改善和生产模式的变革，自20世纪90年代开始，发展了疏枝、缓放、回缩结合的冬季修剪技术，基本不短截，修剪后所保留的一年生果枝的长度较长，称为长枝修剪技术，并逐步取代了传统的短枝修剪技术。

短枝修剪

①**短枝修剪的技术要点。**从幼苗开始，无论选择何种树形，冬剪时对大部分一年生枝条进行短截处理，一般枝条冬剪时截留长度大部分控制在20厘米左右（结果枝留6～7对饱满的花芽），不同部位的枝条要长短结合，建立合理的叶幕结构。枝组培养一般要连续短截，用单枝更新法或双枝更新法对结果枝进行更新。

②**短枝修剪的优缺点**

短枝修剪的优点是树体保持较旺盛的营养生长，有利于树体的更新复壮，结果枝组稳健。缺点是树体很容易外强内弱、上强下弱，结果部位外移的速度快，树冠内膛的枝条枯死，造成内膛空虚。

长枝修剪

以长枝修剪方式冬剪时对一年生枝的处理，主要以疏枝和缓放为主，基本不短截，多年生枝适度回缩更新。采用长枝修剪方式后，树势稳定、结果质量好、产量高、果实成熟期比较一致。

①**长枝修剪的技术要点。**疏除徒长枝、竞争枝、过密枝、细弱枝、病虫枝，以调整结果枝的密度和骨干枝的生长。对于以长果枝结果为主的品种，适当疏除部分短果枝；对于以中、短果枝结果的品种，则多留中、短果枝。结果枝结果下垂后，基部或中下部发出中、长、短果枝和花束状果枝的，冬剪时要回缩到中、长果枝部位，对留下的果枝长放。长放后未能抽生出中、长果枝的，翌年冬剪时要注意更新复壮，对结果枝进行回缩，以防止结果部位外移。

对延长头的修剪，幼树期副梢短截，留10～15厘米延长头。盛果期树或成年树，旺树疏除部分副梢，中庸树回缩至健壮的副梢，弱树对延长头短截，并留健壮副梢。详细的操作见第四章。

②**长枝修剪的优缺点。**长枝修剪具有以下优点：一是缓和新梢的长势，容易维持树体营养生长和生殖生长的平衡。对于生长过旺的桃树，特别是幼树，控

制树体过旺生长效果明显。二是克服了传统修剪技术复杂的缺陷，操作简便，容易掌握。三是节省修剪用工。由于长枝修剪缓和了新梢的长势，夏季徒长枝和过旺枝少，因此冬季和夏季修剪量少，能大量节省修剪用工。四是改善树冠内光照条件，显著提高果实品质。五是丰产稳产。采用长枝修剪，优质果枝率增加，花芽形成质量提高，由于保留了枝条中部高质量的花芽，所以提高了花芽的质量以及花对早春晚霜冻害的抵御能力，树体的丰产和稳产性好。六是一年生枝的更新能力强，内膛枝更新复壮能力好，能有效防止结果部位外移和树体内膛光秃。

长枝修剪由于缓和了新梢的长势，管理不到位比如缺水、缺肥、负载过多等，很容易造成树势衰弱。

长枝修剪中需要注意的问题

a.控制留枝量。长枝修剪时，若留的短果枝和花束状果枝过多，会造成长果枝发生数量减少，更新困难。因此，除了要控制长果枝的数量外，短果枝和花束状果枝的数量也要控制，适当疏除部分短果枝和花束状果枝。以长果枝结果为主的品种，长果枝留枝量控制在4 000～5 000条/亩*，总枝量在10 000条以内；以中、短果枝结果的品种，长果枝留枝量控制在2 000条/亩以内，总果枝量控制在12 000条以内。

b.根据品种的结果特性，选留不同类型的枝条。北方品种群以中、短枝结果为主，而南方品种群以长果枝结果为主。大果型或易采前落果、裂果的品种，要多留中、短果枝，以中、短果枝结果为主。

c.注意疏花疏果，合理负载。采用长枝修剪，树体整体留枝量减少，但花芽的数量并没有减少，而且由于长枝修剪春梢生长势缓和，坐果率增加，因此要注意疏花疏果，合理负载。在疏果时要尽量留枝条中部和前部的果，使枝条随着果实的生长下垂，以利于枝

---

* 亩为非法定计量单位，1亩≈667米²。——编者注

条基部萌发长果枝，用于翌年更新（图2-13）。具体疏花疏果技术见第五章。

图2-13　长果枝上、中部结果，基部萌发新梢用于更新

d.衰弱的树、立地条件差（如无灌溉条件）的树不宜采用长枝修剪。

3　单枝更新和双枝更新

桃树的喜光性强和新枝（第一年抽生的枝为第二年的结果枝）结果的特性容易造成结果部位外移，因此在修剪时要注意枝条的更新以防止结果部位外移。枝条的更新修剪有2种，即单枝更新和双枝更新。

单枝更新

单枝更新是桃树最常用的更新方式，这种方式可以较好地防止结果部位外移过快。冬剪时选留的结果母枝，翌年在结果的同时抽生几个枝条，冬剪时选留离结果母枝近的枝条长放或短截，其余枝条全部疏除即可（图2-14）。

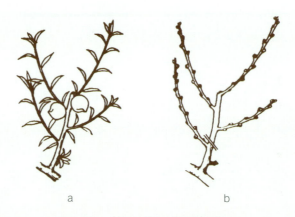

图2-14 单枝更新（长枝修剪）

a.夏季结果情况 b.冬季落叶后的修剪部位

双枝更新

结果母枝上相邻近的2个枝条为一组，上位枝作为结果枝剪截或不动剪，下位枝作为更新枝（也称预备枝）留2个叶芽重短截。翌年生长期，上位枝结果良好，下位枝抽生2个较健壮的新梢，冬剪时把当年结过果的枝条全部剪除，下位枝上抽生的2个枝条先端作为翌年的结果枝长放或短截，下部的一个枝条作为预备枝留2个叶芽重短截（图2-15），年年如此循环。双枝更新在实践中暴露出的缺点是几年后预备枝常处于下位，易衰弱，抽生不出壮枝。

图2-15 双枝更新（长枝修剪）

a.夏季结果情况 b.冬季落叶后的修剪部位

三、多效唑在桃树整形修剪中的应用

桃树萌芽率高、成枝力强、营养生长旺盛，加大修剪工作量的同时还会影响花芽分化，进而影响结果，为了解决这一问题，生产上常用植物生长延缓剂多效唑来控制新梢的生长。

1 多效唑的作用机制

多效唑，化学名称为（2*RS*,3*RS*）-1-（4-氯苯基）-4,4-二甲基-2-（1*H*-1,2,4-三唑-1-基）戊-3-醇（简称PP333），为低毒植物生长调节剂，由植物的根、茎、叶吸收，通过抑制内源赤霉素的生物合成，提高吲哚乙酸氧化酶的活性，降低内源吲哚乙酸水平，抑制新梢的生长，促进花芽分化。

多效唑在幼年桃树上和高密度桃园中应用较为普遍。通过合理使用多效唑，可减少夏季修剪的次数和冬季修剪的工作量，并促进花芽分化，提高产量和品质。

2 多效唑的使用方法

多效唑在桃树上的使用方法主要有叶面喷施和土施。

叶面喷施

春季，待桃树新梢长至10 ~ 15厘米时，用15%多效唑可湿性粉剂200 ~ 300倍液均匀喷施新梢生长点及新叶，以叶片全湿、药液欲滴而不下落为度。多效唑的使用浓度根据树势做适当调整，树势强旺的增大使用浓度，稍旺的降低使用浓度。桃树的每个生长周期使用次数不超过3次，且2次之间间隔15天以上。早熟品种采果后容易旺长，一般用15%多效唑可湿性粉剂150 ~ 200倍液1次，可将新梢长度控制在30 ~ 60厘米的理想范围。

土施

早春萌芽前，沿树冠外缘挖宽5 ~ 10厘米、深10 ~ 20厘米的环状沟，按树冠投影面积每平方米使用15%多效唑可湿性粉剂0.5 ~ 1.0克，施入环状沟内。

根据树势和土壤性质酌情增减，对黏重土壤使用可稍多，对沙壤土使用宜稍少。

采用土施，第一年用药取得明显效果后，第二年用量要减半或酌情减少，第三年根据树体反应，一般取前两年用量的平均值，既要使桃树生长正常，高产稳产，又不能使树体衰弱，以延长盛果期。

3　多效唑使用中应该注意的问题

生产有机或AA级绿色桃产品时禁止使用

在有机食品或AA级绿色食品生产标准中规定，禁止使用有机合成的化学杀虫剂、杀螨剂、杀菌剂、杀线虫剂、除草剂和植物生长调节剂。因此，在生产有机或AA级绿色桃产品的过程中禁止使用多效唑。

在幼树或旺长树上使用

在桃树的生长过程中，幼树要形成骨架、扩大树冠，理论上讲不使用多效唑，但在生长特别旺盛的树上，为减少无效生长，可在秋季新梢旺长前，叶面喷施多效唑。对初结果期的幼树或旺长树，一是控制化肥的施用量和浇水，尤其是氮肥的施用要适量，以防引起树体旺长；二是要通过摘心、拿枝、短截、疏枝等修剪方法来控制桃树的旺长。若这些管理方法无法控制桃树旺长，花芽分化较差导致果树不能正常结果或结果后容易出现落果时，要通过使用多效唑来调节生长，促进开花结果。

无论是冬季修剪还是夏季修剪，都是对各种修剪方法和方式的综合运用，具体用哪种方法，用到什么程度，是一个非常灵活的操作过程，需要在掌握基本原理和方法的基础上"以树为师"，观察树的修剪反应，在实践中去体会掌握。

桃树生产上常用的树形及其培养

常用树形的培养

桃树具有喜光性强、干性弱的特性，因此开心形是桃树栽培的适宜树形。随着栽培技术及农业设施的进步，更多的树形得到了应用。目前，在桃树栽培中见到的树形有三主枝自然开心形、Y形、双斜干（两边倒）形、一边倒形、纺锤形、主干形等，本节主要介绍较常用的3种树形。

一、桃树生产上常用的树形介绍

1 三主枝自然开心形

三主枝自然开心形是生产上应用时间最长的树形，多见于老果园或新建的山地果园。

树体结构

主干高40～50厘米，在主干上着生生长势均衡的三大主枝，主枝间高低间隔10～20厘米，基角40°～60°。每个主枝上留2～3个侧枝，在选留的侧枝上着生结果枝组或结果枝。成形后树体高度2.5米以内，树冠呈自然开心形，树冠大小依种植密度灵活掌握（图3-1、图3-2）。

图3-1 三主枝自然开心形树体冬剪后

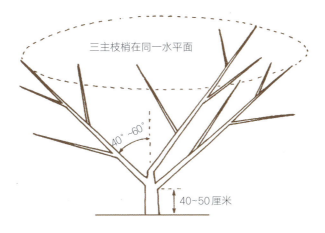

图3-2　三主枝自然开心形模式树形

优缺点

优点是该树形接受光照好、结果面积大、丰产。缺点是树体结构复杂，整形时间长，进入丰产期较晚；后期树冠较大，不利于田间管理及机械化操作；对修剪水平要求较高，管理费用高。

2　Y形

Y形是由三主枝自然开心形简化而来，也称二主枝自然开心形，适合比三主枝自然开心形桃园密度更大的桃园，是省力化栽培推广的主要树形。

树体结构

主干高40～50厘米，2个主枝相对生长，呈V形，因此也称V形。一般主枝方向与树行垂直，2个主枝夹角60°～80°，长度不超过3.5m。主枝上配置大、中、小型结果枝组或直接着生结果枝（图3-3）。

优缺点

优点是该树形采用宽行栽培，通风透光好，果实分布合理，利于优质丰产，便于机械化管理；主枝斜生，削弱了顶端优势，缓和了树势，不容易出现上强下弱的问题，容易形成中庸树势。缺点是骨架培养要求技术较高，不容易做到位，特别是主枝对接，容易出现劈裂；主枝尖削度小，负载量小；主枝变形，影响机械化操作。

图3-3　Y形树花期

3　主干形

主干形是高光效高产树形，适用于设施和露地密植栽培。

树体结构

该树形保留生长健壮的中央领导干，即主干，主干高50厘米左右。各类结果枝组、结果枝（共计30～60个结果枝）插空分布于主干上，在主干上呈螺旋状排列，不分层。一般要求结果枝（组）基部直径不超过其着生部位主干直径的1/4，主干上无永久结果枝组，结果1～2年后要及时更新；下部枝组大，与中心干夹角小些；主干从下往上结果枝组逐渐减小，夹角逐渐增大；遵循上稀下密，外稀内密，行间稀、株间密的原则（图3-4）。树高随行距而定，一般要求树高是行距的80%～90%，以保证树体基部每天可以接收到2～3小时的直射光。

优缺点

优点是该树形结构简单、管理方便、成形快、通风透光好、结果早、见效快。缺点是主干直立，易出现上强下弱现象，适合干性相对较弱的品种使用，干性强的品种可采用多次换头的方法，增加主干的尖削度以达到控制干强的目的；须采用长枝修剪法进行修剪，不可短截，否则结果部位外移上升严重；因产量高，要注意控制产量提高品质。

图3-4　主干形树体冬剪后

二、常用树形的培养

1　三主枝自然开心形

定植密度

株行距（3 ~ 4）米×（4 ~ 6）米，每亩栽30 ~ 60株，苗木投入少。

定植当年的树形培养和修剪

①定干。定植当年春季，若所栽植的成品苗较大、有副梢，定干后选方向、部位合适的副梢作主枝，剪去最上一个主枝着生部位以上的主干部分，并对选留的主枝短截，剪口留饱满芽，并注意三主枝的高度基本一致（图3-5）。

若定植的成品苗干直、无副梢，在60厘米左右高度定干，剪口下20厘米左右为整形带（定干时选留主枝的一段茎干），要有5个以上的饱满芽（图3-6）。若主干高度不够，或60厘米处的芽瘪小，可在低于60厘米饱满芽处剪截。

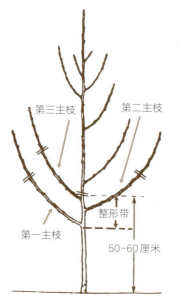

图3-5　有合适分枝时，直接选留三主枝

图3-6　成品苗定植时定干

半成品苗（芽苗）定植当年春季，在接芽上方0.5～1厘米处剪砧。萌发后，及时抹去砧木上的芽，只留嫁接芽生长。当苗高70厘米左右时，在60厘米左右处摘心定干，定干后的修剪与成品苗相同。

②夏季修剪。整形带内新梢长到10厘米左右时选留4～6个壮枝，其余抹去。当新梢长到20厘米左右时选留3个长势均衡、向四周均匀分布的新梢作为主枝培养，三主枝间夹角120°。三个主枝在主干上常见的着生方式有以下几种：a.第一主枝错开生长，第二、第三主枝邻近着生，较理想。b.3个主枝邻近（由相邻的3个芽长成），主枝的基角不容易开张，基部易劈裂（图3-7）。c.3个主枝错落着生易下强上弱，在幼树期整形修剪时注意调整各主枝之间长势平衡。

三主枝确定后，剪去最上一个主枝着生部位以上的主干部分，主枝以外的枝条摘心后作为辅养枝，过大过密的枝条疏除，控制其生长。主枝长到70厘米左右时，在60厘米处摘心，促进分枝的发生。注意在主枝摘心的同时也要把竞争枝摘心，并去

图3-7　三主枝基部两种着生方式

除距主枝20厘米以内的过旺枝，以保持主枝的优势（图3-8）。对位置较好，但生长较直立的枝条，通过拿枝开张角度。

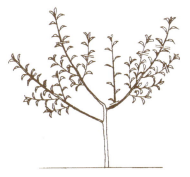

图3-8　对主枝及竞争枝摘心，去除离主枝过近的旺枝

8—9月，处在生长期的枝条柔软，枝条直径有限，开张角度比较容易，可用撑、拉法开张主枝角度。

③**冬季修剪**。冬剪时将主枝以下的辅养枝全部疏除。对主枝延长头在盲节的前端短截，或剪去木质化程度较差的秋梢部分，主枝延长头20厘米以内不留侧枝，以免和主枝延长枝形成竞争。短截剪口应是带叶芽的复花芽或叶芽，因为花芽不能抽发新梢。

主枝延长枝开张角度要好，剪口处一般留下芽，使主枝呈波浪状向上延伸，可提高主枝的负载能力（图3-9，图中箭头标出的为短截的位置）。但如果是开张角度较大的品种，剪口处则留上芽，以降低新生枝条的开张角度，防止主枝开张角度过大。方位不正的主枝，要选留矫正方向的饱满侧芽；主枝过旺时，要中短截；主枝较弱时，要重短截，留饱满芽发新梢形成主枝延长头。

图3-9　主枝呈波浪状向上延伸

健壮树可以在主枝上距主干40～50厘米处选出第一侧枝，侧枝基部最好着生在主枝的背侧方，侧枝与主枝的夹角为40°～50°，对其在盲节前短截，短截时选留外侧芽，剪留长度比主枝短，不能高于主枝。

定植第二年的树形培养和修剪

①**夏季修剪。**3月下旬萌芽后，抹除内膛多余无用的芽和主枝延长头20厘米以内的芽，以防萌发的新梢与主枝延长枝新梢生长形成竞争。为了培养翌年的结果枝组或结果枝，保留侧芽发出的新梢；适当选留主枝背上直立新梢或副梢，待新梢长到20厘米左右时摘心；疏除过密枝和徒长枝，对有生长空间的徒长枝留2～3片叶摘心，促发新梢。摘心一般在5月中旬前完成，如果摘心时间过晚，萌发的新梢木质化程度不够，花芽分化质量不好。

主枝延长头剪口芽发出的新梢作为主枝延长枝培养，及时疏除主枝延长头剪口下的竞争枝和剪口处的双枝（未进行抹芽），使其单枝延伸。对没有选留第一侧枝的树，在主枝上距主干40～50厘米处选出第一侧枝，待侧枝长到约60厘米时摘心，促发二次枝，培养结果枝，并选留合适的侧枝延长枝。对已选留第一侧枝的旺树，在侧枝上培养结果枝，并在主枝上距离第一侧枝40～50厘米的对侧培养第二侧枝。

②**冬季修剪。**先疏除夏季修剪未处理的徒长枝和旺盛直立枝。

▶主枝的修剪。随着生长量增加，主枝剪留长度较上一年相应加长，通常截去秋梢红色部分或剪去当年生枝条长度的1/3～1/2。若各主枝剪口在同一高度上，剪口芽一般留下芽；若各主枝剪口不在同一高度上，对低的主枝采用助势修剪，即留上芽。对开张角度小而生长势强的主枝，可用健壮的副梢（被利用副梢直径应大于1厘米，副梢开张角度大可长留，相反则短留，细弱副梢不能留作延长枝）替代原来的主枝延长枝（图3-10）。

▶侧枝的修剪。对于已经选留第一、第二侧枝的，要求侧枝与主枝的夹角为40°～50°，向外斜侧伸展。侧枝剪留长度比主枝延长枝稍短，通常为主枝长度的1/2～2/3；侧枝应注意避免重叠而造成相互遮光。对已选

图3-10　用副梢替代原来的主枝延长枝以开张角度

留第二侧枝的旺树，要选留第三侧枝，与第一侧枝同侧，距离第二侧枝40～50厘米，与主枝的夹角为40°～50°，向外斜侧伸展。在第一侧枝上选留结果枝，结果枝间距20厘米左右，也可根据空间留少量小型结果枝组。

▶果枝的修剪。幼树果枝节间长，优质花芽集中在中上部，果枝在骨干枝上应按同侧相距20厘米距离选留，强旺果枝长放不短截或轻短截，疏除过密果枝和细弱果枝。健壮的副梢也可留作果枝，主枝延长枝剪口下20厘米内不留副梢果枝。

对没有花芽的健壮副梢，在枝条较少的情况下应按果枝长度剪留，以增加叶面积而不发生旺枝。在疏除过弱的副梢时注意保留基部芽，否则会形成空节。

至此树形的培养工作结束。对于主枝还有伸展空间、侧枝数较少（内膛空间较大）的植株，可按照第二年的方法继续培养。

2　Y形

定植密度

株行距（1.5 ~ 2）米×（3 ~ 4）米，每亩种植80 ~ 150株，一般2个主枝上只留结果枝组或结果枝，不留侧枝。

定植当年的树形培养和修剪

①定干。成品苗定植当年春季，在60厘米左右高度定干，剪口下20厘米左右为整形带，要有4个以上的饱满芽。

半成品苗（芽苗）定植当年春季，在接芽上方0.5 ~ 1厘米处剪砧。萌发后，及时抹除砧木上的芽，只留下嫁接芽生长。当苗高70厘米左右时，在60厘米左右处摘心定干，定干后的修剪与成品苗相同。

②夏季修剪。当新梢长到30 ~ 40厘米时，选择生长势好、邻近但不相邻着生、向行间伸长的2个长势均衡的强壮枝条作为2个主枝（图3-11）。2个主枝夹角70°左右（夹角过小，主枝较直

图3-11　选留2个主枝

立，树冠小，易旺长；夹角过大，树势易过早衰弱。另外，还需考虑品种长势，长势强的品种，夹角稍大些，反之则小些），轻摘心，促发二次枝，选留合适的主枝延长枝以调整延伸方向，这样可使主枝形成较好的尖削度。

待主枝上的二次枝长到20 ~ 30cm时，选3 ~ 5个生长旺盛的枝进行摘心处理，培养

结果枝组，其余枝可通过拿枝的方法，使其呈水平或微斜向上生长，培养结果枝。若主枝背上的直立或斜上生长的副梢发展成为竞争枝（直径为主枝的1/3以上），有空间时留2～3个芽极重短截，无空间则疏除，以保持主枝的生长优势。同时，对2个主枝立杆绑缚，使主枝伸向行间生长，且同侧的主枝之间距离相同（图3-12）。如果新梢生长过旺，可在7月下旬喷15%多效唑可湿性粉剂150倍液以控制新梢生长，促进花芽形成，注意主枝延长枝不能喷多效唑。

半成品苗摘心定干后发出的副梢长度达30厘米以上时，选2个向行间伸长、生长较旺，又错落生长于对侧的副梢作为主枝培养，其余副梢疏除，或留2～3个副梢摘心作为辅养枝。

③**冬季修剪**。冬剪时应去旺留壮，去直留斜。对于徒长枝、超过着生部位主枝直径1/3的过旺枝疏除，留直径为0.6～0.8厘米、长度60厘米以下的中庸及偏壮的斜生、平生枝用于翌年结果。

主枝延长枝的修剪：对开张角度较好的植株，主枝延长枝截

图3-12 立杆绑缚，固定2个主枝的伸长方向

去秋梢红色部分或盲节，或剪去枝条的1/3。如果树势较弱，要适当重截，剪去枝条的1/2。对开张角度较小的植株或直立性较强的品种，修剪要选留饱满的背下芽，在背下芽上方短截，即剪口留下芽；对开张角度大、枝条下垂的植株修剪要选留饱满的上芽，在上芽上方短截，即剪口留上芽。对留作辅养枝的枝条进行疏除。疏除延长头附近的竞争枝和过密枝，保持单轴延伸。

对主枝中部、下部的壮枝，采用中短截，培养结果枝组，其

中，大型结果枝组在主枝下部，中、小型结果枝组分布在中部，而上部直接着生结果枝。

定植第二年的树形培养和修剪

①夏季修剪。定植后第二年进入初结果期，管理的目标是培养强壮的主枝，扩大树冠，在结果的同时培养结果枝组和良好的结果枝，为翌年的丰产打下基础。

春季发芽后，对主枝延长头选留方向、角度合适的健壮枝，抹去竞争枝。延长枝长到30厘米左右时摘心，一是2个主枝延长方向不合适的，调整延长方向；二是促进当年生延长枝上发生二次枝，并扩大树冠。对有生长空间的较直立的旺长枝拿枝，控制其旺长，促进形成果枝；对没有生长空间的旺长枝直接疏除。对主枝上侧生枝较少的植株，要对徒长枝留3片叶摘心，促发二次枝，以培养结果枝组。

②冬季修剪。冬剪时疏除直立枝、旺长枝、徒长枝和过密枝，保留的枝条基部直径不超过着生部位主枝直径的1/3，以保证主枝的生长优势。留直径为0.6～0.8厘米、长度60厘米以下的结果枝，以同侧20厘米的间距保留。主枝延长枝剪留长度仍然是剪去枝条的1/3～1/2，剪去秋梢红色部分或盲节。如果主枝开张角度较小，可用副梢开张角度。对主枝中部、下部的壮枝采用中短截，培养各类结果枝组，结果枝组间距30～50厘米。对结过果的下垂枝要及时回缩。

至此树形的培养工作结束。对于主枝还有伸展空间，结果枝组或侧生枝较少（内膛空间较大）的植株，可按照第二年的方法继续培养。

3　主干形

种植密度

株行距（1.5～2）米×（2.5～3.5）米，每亩种植150～200株，种植密度大，建园时苗木投入量较多。

定植当年的树形培养和修剪

①夏季修剪。以健壮苗建园，建园时选用直径0.8厘米以上、根系发达的健壮苗，如果果园肥水条件较好，可以不剪去中心主干，留其向上生长。主干50厘米以下部位的副梢和新梢全部

去除；主干50厘米以上部位的副梢如果基部有芽的，可直接疏除，基部无芽的，可对副梢留1个芽短截。

当新梢长到20厘米时摘心，控制生长和促发新梢，形成结果枝组，通过拿枝，调整结果枝组与中心干夹角70°左右（下部夹角小些，上部大些）。当新梢基部直径超过其着生部位主干直径的1/3时，若有副梢，留2～3个副梢，短截，培养结果枝组；若无，留2片叶短截，促发新梢。主干顶部20厘米以内的新梢容易与主干形成竞争，疏除或留2片叶短截，促发新梢。7月以后，当树高达2米以上、有20个以上的优质新梢时，及时喷15%多效唑可湿性粉剂150倍液控制旺长，促进花芽分化。

为防止出现上强下弱现象，在树冠下部培养1～2个不与主干竞争的牵制枝，斜伸向行间生长，控制结果，以保持较强的长势。图3-13中，生长季节留2个牵制枝，在冬季修剪中，去除其中的一个，因该枝与主干夹角小、生长势强，与主干竞争，又与所留的牵制枝相邻，2个牵制枝会对主干形成"卡脖"现象。

图3-13 主干形树在下部培养牵制枝

在主干生长过程中，由于桃树的干性较弱，容易发生歪斜，应随时观察主干生长状态，如有主干歪斜现象，要及时设置立柱（竹竿、木棍、钢管等），立柱与主干相距10厘米以上（图3-14），使其直立生长。对于主干被害虫损伤的，要留附近强壮的直立枝替代主干延长生长。

▶以弱苗建园。建园用直径0.8厘米以下、根系欠发达的弱苗时，在嫁接部位以上10厘米处重剪，重发新梢，待新梢长到20厘米以上，选一健壮、直立的新梢作为主干，其余过密的新梢疏除，留2～4个摘心作为

图3-14　设置立柱，扶直主干

辅养枝，当主干上的新梢长到40～50厘米时通过拿枝开张角度，控制其生长。控制主干上的竞争枝，对强旺新梢留2～3片叶摘心，50厘米以下部位的新梢逐步疏除。以后的修剪与健壮苗建园相同。

▶以芽苗建园。以芽苗建园时，在接芽上方0.5～1厘米处剪砧，萌发后，及时抹去砧木上的芽，只留下嫁接芽生长。当新梢长到30厘米时，及时设置立柱，将新梢绑缚在立柱上，以培养健壮直立的主干。以后的修剪与健壮苗建园相同。

②冬季修剪。冬剪的原则为"疏枝为主、长留长放"，即长放中、长果枝，疏除过粗、过密枝以及病虫枝和竞争枝。对于过粗枝和竞争枝，若同侧上下20厘米无枝时，留桩疏除，一方面减少对主干的削弱作用，另一方面可翌年发枝补空。

若桃园水肥条件好，管理到位，当年植株可长到2.5米，即达到目标树高（行距3米），要以结果枝组当头，控制树体向上生长，这样，幼树在1年的时间里基本成形（图3-14为定植当年树落叶后）。

定植第二年的树形培养和修剪

对于初步成形或尚未成形的桃树，第二年生长期整形修剪的主要任务是在兼顾结果的基础上，继续培养直立粗壮的主干，并形成足够且良好的结果枝。

主干形树形成形后，每年的修剪基本相似。开花坐果后，疏除无果枝、徒长枝。对旺长的枝条，通过拿枝、拉枝的方法控制其生长，形成翌年的结果枝。对有空间的旺长枝条留1～2个芽短截，待重新发枝，形成翌年的结果枝。冬剪时以疏除为主，即疏除过粗枝、过密枝以及病虫枝和竞争枝，并及时更新结果枝，防止结果部位外移。结果枝的更新有以下2种方式：

①利用甩放果枝的方法。具体做法是将已结果的母枝回缩至基部健壮枝处更新，如果结果母枝基部没有理想的更新枝，也可在结果母枝中部选择合适的新枝进行更新。如果结果母枝较长，枝条平但不下垂，其中部也无理想更新枝，可在前部留果枝结果，后部短枝适当间疏，待后部背上短枝或叶丛枝抽生长枝后，翌年再于基部或中部回缩更新，或者直接回缩至母枝中部短枝处，留下方短枝结果，并适当间疏，待生长季上方短枝抽枝，翌年在适宜枝条处回缩更新。

②利用主干上发出的新枝更新。由于采用长枝修剪时树体留枝量少，因此主干上萌发新枝的能力增强，会发出较多的新枝。如果在主干上着生结果枝组的附近已抽生出更新枝，则对该结果枝组进行全部更新，由主干上的更新枝代替已有的结果枝组。

第四章

不同龄期和树形的桃树修剪

初果期树的修剪

盛果期树的修剪

衰老期树的修剪

问题树的改造

桃树经过2年的整形修剪，树形基本形成，由幼树期进入初果期，2～3年后进入盛果期，盛果期持续10年左右进入衰老期。在不同时期，修剪的任务不同，修剪的方法也有一定的差异。

一、初果期树的修剪

进入初果期，此期的树长势旺盛，修剪的主要任务是继续完善树形，培养骨干枝和良好的结果枝，以尽快进入盛果期。

1 三主枝自然开心形

夏季修剪

水肥及管理较好的果园，在栽后的第三年，树冠基本达到要求，结果枝开始结果，并达到一定的产量。若树冠还需继续扩大，用第二年夏剪的方法修剪延长枝和培养结果枝，注意应防止相邻树冠间延长枝交叉重叠，并控制竞争枝。对还没有选出第三侧枝的，在新萌发的新梢中选留第三侧枝，并在侧枝上培养理想的结果枝，或在主枝上第二侧枝以上的部位培养结果枝组。

对已挂果的结果枝，先端无果新梢疏除；过密无果新梢疏除；有果健壮枝在副梢处短截；有果健壮枝无副梢可摘心（图4-1）。对有生长空间的直立旺枝和徒长枝保留2～3个副梢短截。修剪时要建立合理的树体结构，多保留理想结果枝条，疏除无用的枝条，这样才能高产。采果后要及时疏除徒长枝，以防止消耗养分过多以及引起树冠郁闭，影响结果枝的发育。

图4-1　结果枝不同的处理方式
1.先端无果新梢　2.过密无果新梢
3.有果、有副梢健壮枝
4.有果、无副梢健壮枝

冬季修剪

对树冠大小还没达到要求的桃树，需继续扩大树冠。此时期主要以培养主、侧枝上的结果枝组为主，根据树的长势确定主枝延长枝剪留长度，原则是盲节处必须短截，翌年抽发新梢后，相邻树冠间延长枝不能交叉重叠。对侧枝的延长枝也要进行短截，侧枝延长枝的剪留长度比主枝延长枝的剪留长度稍短。疏除当年挂果后的结果枝，以及无利用价值的徒长枝、过密枝、交叉枝、重叠枝等。

①**主枝的修剪**。对各主枝之间要采用"抑强扶弱"的方法，保持各主枝间生长势均衡。对于较直立的主、侧枝的延长枝，修剪时留下芽，开张角度。当主枝间长势不一致时，回缩强旺枝，利用背下枝代替原来主枝。对于主、侧枝延长枝开张角度过大、生长势弱的主枝，选1个开张角度、长势、位置均较合适的副梢来代替原来主枝，减小开张角度，加强长势。对强旺主枝应加大开张角度，多留果枝结果，修剪时主枝上少留强枝，削弱其生长势；对弱主枝应减小开张角度，少留果，适当保留壮枝，使其生长势转旺。

强壮树的延长枝可剪去当年生长长度的1/3，弱树剪去1/2～2/3。对主枝延长枝要适时换头更新，当主枝延长到树冠需要的长度后，每年冬剪时要短截延长枝，留外芽萌发新梢代替延伸。全园树冠间要有50厘米左右的距离，翌年枝条生长后不能相互交叉重叠，避免影响光照和田间操作。采用"放缩结合"的修剪方法维持目标树形。

②**侧枝的修剪**。初结果期对侧枝的修剪主要是调整其与主枝的生长平衡，不能与主枝重叠、交叉和平行，在侧枝上多留侧芽，翌年抽发新梢培养结果枝组和结果枝。生长适宜的侧枝，其开张角度、方向都适合的仍留作延长枝继续生长，剪留长度依直径和主枝长度而定，短于主枝延长枝，长于结果枝组。对方向不正、开张角度过大或过小的侧枝需回缩，改用下部适宜的枝条代替。对前旺后弱的侧枝宜轻度回缩，改用生长势与开张角度适宜的枝条替代原来的延长头。

③**结果枝的修剪**。初结果期树结果枝较少，需利用侧枝发出的新梢培养更多理想的结果枝。

55

根据品种特性、树的长势、坐果率高低、枝条直径及着生的部位等来确定结果枝短截或长放。一般对生长旺盛、直立性较强的品种，过粗的枝条（枝条直径大于0.8厘米）应疏除，向上斜生或平生的长枝应轻剪或长放不剪；成枝力弱的品种，坐果率高的细枝或下垂枝应短截或疏除。结果枝间距离应保持在20厘米左右。

在结果枝较少的情况下，徒长性果枝上着生的二次枝形成的结果枝短截后留1~2个结果枝结果，翌年冬季修剪在基部留2~3个芽短截作为预备枝，逐步发展成枝组。以短果枝结果为主的品种，其结果枝适合多留；以长、中果枝结果为主的品种，其结果枝应适当少留。

做好结果枝更新修剪。初果期树易抽生新梢，多采用单枝更新修剪，但具体应根据树势来确定。一般情况下，复芽多、复芽着生节位低、坐果可靠、壮实的果枝，肥水条件较好时可采用单枝更新修剪，否则宜采用双枝更新修剪。在采用双枝更新修剪时，预备枝应选健壮充实枝，忌用纤弱细枝。弱树、弱枝组要多留预备枝（多采用双枝更新），强树、强枝组少留预备枝（多采用单枝更新）。树冠内部、下部多留预备枝，树冠外围及上部少留预备枝。

结果枝以靠近骨干枝为宜。结果枝组如出现上强下弱现象，要及时剪掉上部的强旺枝条，疏除密生枝和衰弱枝，使结果枝均匀分布。

④**结果枝组的培养**。初果期，果树的结果枝组较少，也较小，要用发育枝、徒长果枝以及徒长枝等，经过逐年短截促进分枝，培养大小不同的结果枝组（图4-2）。

图4-2　将徒长枝培养成结果枝组

大型结果枝组着生于主枝上，斜生，与侧枝交错排列，不可影响侧枝。一般选用生长旺盛的枝条，留5～10个芽短截，促使萌发分枝，第二年冬剪疏除前部旺枝，留2～3个枝短截，按同样方式培养，第三年成为中型结果枝组，第四年即可培养成为大型结果枝组。种植密度大的果园，侧枝上直接着生结果枝，一个侧枝就是一个结果枝组。

中型结果枝组分布于主、侧枝两侧。中型结果枝组与大型结果枝组的培养类似，在空间比较大的空隙处，冬剪时对徒长枝或发育枝留5～6个芽短截，第二年冬剪时剪除前部旺枝，第三年即可培养成中型结果枝组。

小型结果枝组分布在大、中型结果枝组及主、侧枝上，少量分布于主、侧枝背下，补充大、中型结果枝组的空隙。一般可用健壮的发育枝或果枝留2～5个芽短截，分生2～4个健壮的结果枝，便成为小型结果枝组。

结果枝组的配置应大小交错排列，大型结果枝组主要排列在骨干枝两侧，靠近主干部位；中型结果枝组主要排列在骨干枝两侧，或安排在大型枝组之间，有的长期保留，有的则因邻近枝组发展扩大而逐年缩剪以至疏除；小型结果枝组可安排在骨干枝背下、背上以及树冠外围，有空则留，无空则疏。从整个树冠看，以向上倾斜着生的枝组为主，直立、水平着生的为辅；向下着生的枝组要随时注意加大枝条的开张角度，缩剪更新复壮。结果枝组的排列，要求上稀、下密，大、中、小相间，高低参差，插空排列。树冠顶端着生的枝组，其所占空间的高度不得超过其骨干枝的枝头，以利通风透光和保持骨干枝的生长势。

2 Y形

夏季修剪

初果期树生长较旺盛，为缓和长势，结果枝以长放或轻短截为主。夏剪重点疏除直立旺长枝、徒长枝和过密枝。疏除主、侧枝上的直立旺长枝时，为避免阳光直射灼伤主干，可保留2～3片叶或短截。对有空间的部位，可通过拿枝，利用直立旺长枝、徒长枝来补空。在主枝中下部选3～5个壮枝，摘心或短截以培养结果枝组；主枝上部直接培养良好的结果枝。若树体长势旺，需及时喷多效唑控制旺长。

冬季修剪

主枝延长枝在冬剪时剪留长度仍然是剪去当年生枝条长度的1/3～1/2，保持行间和株间的延长枝、结果枝不互相交叉重叠。病虫枝、直立旺长枝、过密枝、已结过果的枝条、交叉枝、重叠枝疏除或回缩至适当部位。背上直立旺枝原则上全部疏除，但如果疏除后该部位光秃，可保留2～3个芽短截，促使旺枝基部的隐芽发枝，防止夏秋季树干发生日灼。

结果枝应"去强弱留中间"，即疏去细弱枝（二年生枝回缩至强枝部位）和过粗的结果枝（结果枝直径在0.8厘米以上的不留）。保留以长果枝为主的结果枝，结果枝间距20厘米以上。

继续培养结果枝组。靠近主枝基部宜多培养大、中型结果枝组，先端宜多培养中、小型结果枝组，合理利用空间。

树冠尚未达到目标大小则继续培养树冠。对树冠形成较好的树，整形修剪要维持目标树形。过分开张的主枝，其延长枝的短截应加重，促使萌发比较直立的旺枝，或者利用徒长枝减小开张角度。枝组以圆锥形为宜，伞形不利于透光。此外，还应注意调整好结果枝组间的距离和枝组内的枝条密度，以不影响通风透光为宜。

每亩栽100株以上桃树的果园能够提前进入盛果期。在每个主枝上培养9～11个结果枝组，交叉对应排列，平均分配在主枝两侧，枝组间的距离为30～40厘米。

3 主干形

主干形桃树在管理到位、水肥条件好的情况下，种植第二年进入初结果期，具体修剪方式见第三章主干形桃树定植第二年修剪内容。

二、盛果期树的修剪

进入盛果期，由于大量结果，树势得到控制。此期修剪的任务是稳定树形和树势，调节生长与结果的平衡，并及时进行结果枝（组）

的更新，防止早衰和内膛空虚，保持优质稳产。

1 三主枝自然开心形

主、侧枝的修剪

盛果期桃树的主、侧枝伸长生长较缓慢，冬剪时对超出树冠外围的延长枝回缩到树冠边缘，使树冠间不互相交叉重叠。修剪过程中需要换头延伸。对于树冠直立的主枝延长枝，修剪时留外芽。当主枝长势较强时，回缩主枝，利用背下适宜的枝换头，开张角度，减缓树势；若主枝延长枝开张角度过大、生长衰弱，可选一个开张角度、长势、位置均较合适的副梢来代替原来的主枝，减小开张角度，增强长势。

若主枝间生长不均衡，采用助势或减势修剪，调整各主枝生长势均衡。对强旺主枝应加大开张角度，多留果枝，多结果，或回缩到下部枝条上，修剪时主枝上少留强枝，使其生长势减弱；对弱主枝应减小开张角度，少留果，适当保留壮枝，使其生长势转强。

侧枝上着生的结果枝组或结果枝已趋于稳定，做好结果枝组或结果枝的更新修剪。对有生长空间的徒长枝可以在夏剪时摘心，培养结果枝。随着年限的增加，一些小型结果枝组逐渐衰弱，需要更新修剪。结果枝组较密的，直接从基部疏除，对有生长空间的，可以重短截留基部芽发旺枝代替衰弱的结果枝组，也可以短截徒长枝，留3～5个侧芽萌发新梢培养结果枝组。下部生长较弱的侧枝可通过回缩修剪形成大型结果枝组。如果结果枝组整体长势强旺，疏除全部旺枝和发育枝，留下健壮结果枝。

结果枝的修剪

进入盛果期后，短果枝结果的比例增加，此时期既要考虑当年结果，又要预备翌年的结果枝，对不能结果的弱枝要疏除，对不结果的多年生枝条回缩更新，培养预备枝。

衰弱枝结果后结果能力下降，若无理想的枝条更新，可利用叶丛枝更新。对衰弱枝从基部较健壮的叶丛枝处进行短截，刺激萌发徒长枝，再短截徒长枝更新复壮。

徒长枝的利用

不能利用的徒长枝应尽早从基部疏除，以减少养分消耗。生长在有空间处的徒长枝应培养成结果枝组。一般留5～6个芽重短截，剪口下的1～2个芽仍然徒长，翌年冬剪时把顶端1～3个旺枝剪掉，下部枝可成为良好的结果枝。

徒长枝还可以培养为主枝、侧枝，作为更新骨干枝用。

采果后的修剪

采果后及时疏除徒长枝，保证有足够的养分和光照满足结果枝的生长发育。

早熟品种采果后的强旺新梢采用极重回缩，是较好的夏剪方法之一。不管是开心形树还是主干形树，结果枝都易下垂，基部、中部发出新梢，采果后回缩到适当位置，疏除上次夏剪没有疏除的未结果枝和两边多余较荫蔽处的新梢。疏密留稀，保证树冠内有散射光照射，但也要防止修剪过重而削弱树势。

2　Y形

桃树定植后第三年进入盛果期。2个主枝在大量果实的重压下，开张角度变大，树势减弱。因此，在管理上，要保持2个主枝健壮的优势以及树体上部和下部的平衡。

控制侧生枝的直径在着生部位中心干直径的1/3以下，以防止与主枝竞争，影响主枝的优势。在主枝中、下部的两侧下方培养结果枝组；主枝中、上部尽量在两侧留结果枝，结果枝呈鱼刺状排列；主枝背上可留少量的斜生结果枝，而背下枝少留甚至不留（图4-3）。加强夏季管理，控制侧生枝的加长生长，将枝长控制在60厘米以内，形成良好

图4-3　盛果期树上结果枝的分布

的结果枝，并防止树冠郁闭。

盛果期后期，树冠容易出现上强下弱的现象，要及时疏除上部过密枝、旺枝，甚至对上部喷多效唑控制生长，促进上部多结果，以果压势，削弱上部树势。

冬季修剪基本与定植第二年相似，以疏枝为主。对已超过要求高度的树，要适当落头，控制树高在2.5～3米。注意在落头时，剪口留合适的主枝头，以防剪口出现旺长的情况。修剪后，剪口立即涂抹伤口愈合剂，以防止流胶和发生枝干病害。

3 主干形

主干形树进入盛果期修剪与初果期基本相同，但主干形树若修剪不当，很容易造成上强下弱的现象，导致产量下降，过早进入衰老期，在生产上一定要注意预防。

预防上强下弱现象的措施

由于桃树生长旺盛，喜光性强，而树上部光照条件好，在管理不当的情况下，主干形树容易出现上强下弱的情况，结果部位容易上移，下部果枝或枝组过早衰弱。修剪时要及时疏除徒长枝、过密枝或旺长性结果枝，对上部角度较小的枝条及时进行拿枝、拉枝等处理削弱其顶端优势。下部留大型结果枝组或结果枝，上部留小型结果枝组或结果枝，对种植密度大的桃园，不留大的结果枝组，只留小型结果枝组或结果枝。

预防过早进入衰老期的措施

主干形树修剪省去培养侧枝的时间，进入盛果期早，要注意结果枝的选留，每亩留长果枝5 000条左右。留枝量多或留果量多，虽然当年产量会提高，但由于当年生长过旺，营养消耗过多，结果母枝基部萌发新梢较少，翌年结果枝减少，影响产量。

对树势较弱的果枝要适当短截，减少枝条生长过程中的营养消耗，以避免营养不良导致新枝萌发少，造成预留结果枝数量减少，影响翌年的结果。

三、衰老期树的修剪

桃树生长进入衰老期后，长果枝、中果枝减少，短果枝、花束状果枝增多，树冠下部光秃，结果部位上移，产量明显下降。此期的修剪任务主要是进行骨干枝和结果枝组的更新，复壮树势。

1 三主枝自然开心形

骨干枝更新，剪去骨干枝的3～4年生部分，缩剪时剪口枝要留强旺枝或徒长枝，促进下部分枝或徒长枝旺盛生长，形成新的骨干枝，以延长结果年限。但在重剪之后，翌年应轻剪，使树冠迅速恢复。此外，不是因树龄大而衰弱的树，可在光滑无分枝处缩剪，利用潜伏芽抽生强旺的徒长枝和发育枝，重新形成树冠。

对衰弱的结果枝组进行缩剪，刺激下部萌发新梢，培养新的结果枝组。结果枝组上结果枝重剪，多采用双枝更新修剪，促进新梢萌发更新。衰弱的结果枝组通过回缩、果枝重剪实现更新复壮，甚至可以回缩至靠近骨干枝的强壮分枝处。冬季重剪回缩后，枝组前端易出现徒长性枝条，在夏季时应及时摘心，促发新枝，培养形成大量饱满花芽的枝组。通过适当短截或回缩初步形成的结果枝组，促使其多发分枝扩大枝组。结果枝组安排的位置要合适，不能互相遮挡光照。

结果枝在骨干枝上仍按同侧20厘米距离选留，长放不截，过密疏除，适当保留延长枝上的健壮副梢果枝。

在防止骨干枝先端衰弱的同时，也要防止由于主枝的顶端优势而引起的上强下弱现象，避免造成结果枝着生部位上升。留剪口下第二、第三芽所萌发的枝作为主枝延长枝，使主枝折线状向外伸展，侧枝应配置在主枝曲折向外凸出的部位，以克服结果枝外移的缺点。

2 Y形

Y形树的2个主枝在大量负载果头的情况下，其中、上部的开张角度变大，树势也就随之变弱，利用徒长枝或将主枝回缩到强旺枝处来进行骨干枝的更新。

　　对衰弱的结果枝组通过回缩，实现更新复壮。冬季重剪回缩后容易出现徒长性枝条，在夏季管理上要及时摘心、拿枝，以培养形成良好的结果枝组。疏除结果枝组上过密的细弱枝、病虫枝等，可适当采用短枝修剪，刺激抽生新梢形成好的结果枝。

3　主干形

　　主干形树由于结果枝组或结果枝直接着生在主干上，如果管理得当，进入衰老期时间较晚，但如果管理不当，很容易造成结果枝组或结果枝提前衰弱，进入衰老期。对进入衰老期的树，及时回缩更新结果枝组，特别是对主干的上部结果枝极重短截，保留果枝基部重新萌发新梢更新（图4-4）。

图4-4　极重短截，留基部芽萌发新梢

　　由于桃树品种更新换代较快，因此，对于已经进入衰老期的桃树，常规生产园原则上不提倡对原有衰老的树体进行更新复壮改造，而是及时进行果园的整体更新。随着桃树生长年限的增长，果园土壤生理环境恶化、土壤养分亏缺和有害离子累积、土壤病原菌和害虫积累等，这些问题都会影响桃园产量的维持和果实质量的提高。及时进行果园的整体更新，有利于更新品种、调整树体结构、恢复果园较高的经济效益，更重要的是土壤得到了改良与修复，农业生态环境得到了保护，最大限度地满足我们对农业安全和食品安全的要求。

四、问题树的改造

1 栽植过密的树

生长表现

栽植过密的树，一般株行距都较小，生产中多为2米×3米，甚至是1米×2米。株行距小，再加上修剪控制不当，造成主枝多，生长较直立；树冠内部光照不良，结果部位外移；结果枝少，花芽数量少，质量差；内膛及下部小枝衰弱，甚至死亡；果园产量低，果实品质差。

改造措施

①当年冬季修剪。对于过密的树，首先要按照"宁可行里密，不可丢了行"的原则进行间伐。通过间伐，使行间距大于或等于4米。对于株距为2～3米的三主枝自然开心形树，可将其改成二主枝Y形，疏除朝向株间的主枝，保留2个朝向行间的主枝。对于直立生长的主枝，要适当开张角度。

②第二年夏季修剪。及时抹除大锯口附近长出的萌芽，如果有空间，剪锯口附近长出的新梢可以保留，并进行摘心，培养成结果枝组。光秃带内长出的新梢可以进行1～2次摘心，培养成结果枝组。疏除徒长枝、竞争枝和过密枝。对角度小的骨干枝进行拉枝，调整开张角度。

2 放任生长的树

生长表现

桃树从定植后一直没有按预定的树形进行整形修剪，自然生长，致使大枝过多，内膛密挤，结果部位外移，只在树冠外围有较好的结果枝。且由于通风透光差，内膛及下部小枝逐渐枯死，主枝下部光秃，产量低，品质差，打药困难，病虫害防治效果差。

改造措施

①当年冬季修剪。这种树已经不能修剪成理想的树形，只

能因树整形。根据栽植密度确定主枝的数量。主要疏除伸向株间的大枝或将其逐步疏除。如果株行距为4米×（5～6）米，宜采用三主枝自然开心形，选择方向、角度适宜的3个主枝，3个主枝尽量朝向行间，不要留正好朝向株间的主枝，且3个主枝在主干上要错开，不要太近。如果株行距为（2～3）米×（4～5）米，可以采用二主枝Y形，选择方向和角度适宜的2个主枝，分别朝向行间。选留主枝上的枝量要尽量多一些，主枝和侧枝要主次分明，如果侧枝较大，要对其进行回缩，改造成大型结果枝组。对骨干枝延长枝进行短截，

以保证其生长势。

对树冠内的直立枝、逆向枝、交叉枝和重叠枝，进行疏除或改造成为结果枝组。过低的下垂枝，尤其距地面不足1米的下垂枝疏除或回缩，以改善树体的下部光照条件。对于株间互相搭接的枝要进行回缩或疏除。

②**第二年夏季修剪**。及时抹除大锯口附近长出的萌芽，如果有空间，剪锯口附近长出的新梢可以保留，并进行摘心，培养成结果枝组。光秃带内长出的新梢可以进行1～2次摘心，培养成结果枝组。疏除多余的徒长枝、竞争枝和过密枝。对角度小的骨干枝进行拉枝。

3　结果枝组过高、过大的树

生长表现

由于结果枝组过高、过大，背上结果枝组过多，树冠光照差，大量结果枝衰弱和枯死。这种树的形成主要是因为对结果枝组控制不当，没有及时回缩使其生长过旺，造成了所谓的"树上长树"。

改造措施

①**当年冬季修剪**。应当按结果枝组的分布距离，疏除过大、过高的直立枝组或回缩改造成中、小枝组。根据其生长势，将留下的枝组去强留弱，逐步改造成大、中、小不同类型的结果枝组。疏除枝组上的发育枝和徒长枝。

②**第二年夏季修剪**。及时疏除剪锯口附近长出的徒长枝和过密枝。有生长空间的枝条可以进行摘心，培养成结果枝组。

4 冬季修剪不当，且未进行夏季修剪的树

生长表现

冬季修剪不当，且没有在翌年夏季修剪时及时补救，造成树冠各部位徒长性结果枝多，甚至出现树上长树的情况，光照差，除树冠外围和上部有较好的结果枝外，内膛和树冠下部光照差，枝条细弱，花芽少，质量差（图4-5、图4-6）。

图4-5 夏季未修剪树的生长表现

图4-6 落头不当，造成树上长树

改造措施

①当年冬季修剪。选好主、侧枝延长枝，多余的徒长枝从基部疏除。各类结果枝尽量长放不短截，用于结果。对骨干枝延长头进行短截，其他枝长放，以缓和树势。下面分别以图4-7、图4-8为例来分析修剪的不当之处及改造措施。

图4-7中，由于在冬季修剪时对骨干枝"甩小辫"（应该"甩大辫"，即剪口附近所留枝条的直径之和为剪口枝条直径的1/3及以上），导致产生大量的徒长性结果枝，如果有空间，在图中位置1疏除徒长枝及其他位置的徒长枝，选留合适的主枝延长头并在合适的分枝处短截，尽可能留结果枝，若无空间，直接在位置2疏除。

图4-7 修剪不当位置及改造

图4-8中，选向外较健壮的二次枝作为主枝延长头（图中已标出），再疏除过粗、过长的枝。下次冬季修剪，在下部选合适的主枝延长头，逐年将主枝的高度降下来。

②翌年夏季修剪。由于坐果较少，会造成枝条徒长，要及时疏除徒长枝、竞争枝和过密枝。对有生长空间的枝条，可以通过摘心培养成结果枝组。

图4-8 通过逐年修剪，将主枝头降下来

第五章

花果管理

桃树花果的生物学特性

疏花疏果

保花保果

果实套袋

铺反光膜

裂果发生的原因及防止措施

裂核发生的原因及防止措施

果实采收和包装

一、桃树花果的生物学特性

1 花芽分化

花芽分化是开花结果的基础，花芽分化的数量和质量与果实的产量和品质有直接的关系。桃树的花芽分化包括生理分化和形态分化2个过程。生理分化期树体内营养物质、核酸、激素和酶系统发生变化，此期是芽的生长点由营养状态向生殖状态转变的关键时期，此时新梢生长缓慢。进入形态分化期花芽开始肥大隆起，而叶芽则处于休眠状态。

桃树在6月下旬至7月上旬进入花芽分化期（生理分化期），9月中下旬完成形态分化，约需80天。花芽分化的早晚，不同品种之间有差异，同一品种的不同枝条类型也有差异。短果枝花芽分化开始早，但分化期持续时间较长；长果枝开始分化稍晚，但分化速度快；徒长性果枝、副梢果枝花芽分化最晚。

光照、温度、树势等均能影响花芽分化的质量，因此，在花芽分化期，应及时疏除内膛旺枝、过密枝，改善通风透光条件，促进花芽分化。氮肥过多，引起徒长，不利于花芽形成；涝害、旱害、病虫害等使叶片早期脱落或受到伤害，影响光合作用，不利于花芽形成。

2 开花习性

桃树开花的日平均温度在10℃以上，适宜温度为12～14℃。同一个品种的花期为10～15天，但在遇到干热风、大风等天气时，花期随之缩短到数天。不同品种的花期有差异，同一个品种不同的植株间花期也有先后，同一株树的花期也不相同。最早开的花朵往往在树冠中下部细弱枝的顶端，这类枝条坐果率最低，并非结果的主要部位。大部分桃品种为自花结实，但也有少数品种因花粉败育而结实能力差，或没有自花结实能力。

3 果实发育特性

果实的发育时期指从开花结束到果实成熟采收，这一时期的长短因品种而异，一般，早熟品种为65天左右，极晚熟品种为200天左右。

桃果实发育初期，子房壁细胞迅速分裂，果实迅速膨大。花后2~3周，细胞分裂速度逐渐变缓，果实增长也随之变缓。花后30天，细胞分裂近乎停止，以后果实的增长主要是因为果实细胞体积增长、细胞间隙扩大和维管束系统的发达。桃果实发育一般分为以下3个时期：

第一期，从子房膨大到核硬化前，大约经历40天。这个阶段主要是果肉细胞分裂，数目增多，能明显观察到果实体积尤其是纵径增加，不同成熟期的品种其果实的增长速度相似。

第二期，果实增长缓慢，果核逐渐硬化，又称硬核期。这一阶段时间的长短因品种不同而异，一般早熟品种2~3周，中熟品种4~5周，晚熟品种6~7周甚至更长，而对于极早熟品种基本观察不到果实缓慢增长期。

第三期，果实增长速度加快，从果实再次迅速生长开始至果实成熟为止。此期果皮细胞体积增加，细胞间隙发育，果实体积和重量快速增加，果肉厚度明显增加，且在采收前果重增加最快。

二、疏花疏果

桃树的疏花疏果包括人工、机械和化学3种，机械和化学疏花疏果都存在着一些尚未解决的问题，还需辅以人工疏果，下面所提及的疏花疏果均为人工疏花疏果。

1 疏花疏果的好处

增加单果重，提高果实品质

桃树品种大多坐果率高，如果不疏果，果个小（个别品种除外，如珍珠枣油桃，小果商品性更高），即使产量高，经济效益也不高。疏花疏果可以改善果实颜色、果形等外观品质，提高可溶性固形物含量、香气等内在品质。

调节营养生长与生殖生长的平衡

疏果后，可以在结果的同时，当年抽生出适宜的枝条，一方面制造营养物质满足当年果实和枝叶生长的需要，另一方面还可抽生出翌年适宜的结果枝，保证有合适的枝果比和叶果比。如果不疏果，将会结果过多，不能抽生出枝条，而这些枝条在当年制造营养并形成翌年的结果枝。

2　疏花的时期与方法

疏花的时期

桃树疏花是从花露红至整个开花期进行。对于坐果率特别高且果枝上不同部位果实大小差异不明显的品种，可以进行疏花。对易受冻害的品种、无花粉品种及处于易受晚霜、风沙、阴雨等不良气候影响地区的桃树，一般不进行疏花。

疏花的方法

抹去结果枝背上的花（蕾）、基部3朵花（蕾）和上部3～5朵花（蕾），保留结果枝中上部的花（蕾），再去畸形花、枝条上无叶部位的花及晚开的花。一般疏花（蕾）量为总花量的30%～50%，幼旺树可适当轻些，弱树可重些，坐果率高的品种可重些，坐果率低的可轻些。

3　疏果的时期与方法

疏果的时期

疏果的时期与当年花期气候有关，花期气温低时适当晚疏果。坐果率高或大小果表现较早的品种可以早疏，坐果率低或大小果表坝较晚的品种要适当晚疏。

桃树的疏果分2次进行，第一次疏果一般在落花后15天左右，在能分辨出大小果时进行，早熟品种早疏果。第二次疏果即定果，在完成第一次疏果之后就开始进行定果，大约在花后1个月进行，硬核期之前结束。

疏果的方法

①**第一次疏果**。这时很难判断出果形的好坏，只能优先疏除结果枝上朝上的果和病果，保留朝下和两侧大小均一的果。一般短果枝优先疏除基部的果，留1~2个；中果枝优先疏除基部和梢部的果，留4~5个；长果枝优先疏除基部和梢部的果，留枝条中部（稍靠基部）的果，留6~7个。注意疏果的时候抹去幼果上的残存花萼，花萼的留存会导致果面污染变黑。

②**第二次疏果**。留浓绿色、果面光洁、大小适中的长圆形（纵径长）果，去双胚胎果、短圆形果、畸形果（图5-1）和病虫害果，其中双胚胎果（图5-2）缝合线左右两侧对称，而正常果左右两侧的比例为6∶4（图5-3）。上部结果枝留两侧、斜向下的果实；向上翘起来的枝条多留果（留枝条中央靠枝头的果）。树冠外围及上部可多留果，内膛及下部要少留果。枝条基部的果实长大后会受到挤碰，不留；枝条上没有叶的果不留（图5-4）；朝上的果，露地套袋容易积水，尽量不留（不套袋可留）。

图5-1　油蟠桃的畸形果

图5-2 双胚胎果（右）和正常果（左）　图5-3 桃的缝合线（左为缝合线两侧对称，右为6∶4）

图5-4 枝条上无叶片

留果数量与果枝长短、果实大小有关，一般长果枝留果3～5个（大中型果留3个，小型果留4～5个），中果枝留1～3个（大中型果留1～2个，小型果留2～3个），短果枝留1个或不留（大中型果每2～3个果枝留1个，小型果每1～2个果枝留1个）。也可根据果间距留果，果间距为15～25厘米，留果数量依果实大小而定。留果数量也可根据叶果比例来确定，保证每个果周边有15～20片叶（采收时达到60片叶）。另外，留果数量还需考虑树体部位及树势，树体上部的结果枝要适当多留果，下部的结果枝少留果；强树强枝多留果，弱树弱枝少留果。

从省力化栽培来说，可以不疏花，且疏果一次到位，在硬核期前完成即可。

三、保花保果

桃一般每亩可开30万～50万朵花，坐果率为3%～4%，90%以上均属于无效花，而大量开花会消耗树体积累的有机营养。

1 落花、落果的时期及原因

桃树的落花落果，早、中熟品种有3个时期，晚熟品种有4个时期。

①落花。花朵自花梗基部形成离层而脱落。多发生在花后1～2周，可能是由于花器发育不全，或花期遇大风、低温、高温等不良环境等，不能完成授粉。

②落果。花后3～4周，子房膨大到1厘米大小，连果柄一起脱落。可能是授粉受精不良、胚发育受阻、果实缺乏氮素供应、营养不足，受气候影响（光照、温度）引起胚囊或胚败育，或内源激素失调所致。

③生理落果。5月下旬至6月上旬。硬核期前后，果实直径2～3厘米，果实从花托处形成离层脱落，果柄和花托残留。主要原因是光照不足、营养不良，或生长过旺、结果母枝直立粗壮、营养竞争激烈，或高温干旱。

④**晚熟品种采前落果**。主要原因是修剪时留母枝过粗，果实膨大导致果柄分离，或营养竞争激烈，导致果实发育受阻，或高温干旱。

2 提高坐果率的措施

①**合理配置授粉树**。桃树大多数品种为自花授粉，但也有些品种不能产生花粉或花粉发育不良，不能自花结实，对这些品种，在建园时需要按（4～5）：1的比例与授粉品种混合或搭配栽培，桃异花授粉可使果实比自花授粉生长更好，因此建议生产上多品种搭配栽培。

②**人工授粉**。在40%～50%和80%花开放时各授粉一次，一般在上午9时露水干后至下午4时进行，若授粉后3小时内遇雨需重新授粉。所用花粉可采授粉品种或稍早开花的优良品种的含苞待放的花蕾制备。将花粉75克、蔗糖750克、硼砂30克，加水15千克配成溶液喷雾；或用花粉加10倍花粉体积的滑石粉，用果树授粉机进行授粉；或用带橡皮头的铅笔或自制的授粉器点授；也可用鸡毛掸子先在授粉品种上反复滚动沾花粉，再到被授粉品种上滚动抖落花粉，完成授粉。

③**昆虫授粉**。蜜蜂、壁蜂、熊蜂是目前应用较为普遍和成熟的授粉昆虫。花期放蜂，可提高坐果率，减少用工，降低生产成本，而且可提高果实品质。为了蜂群的安全，放蜂前10～15天喷一次杀虫杀菌剂，放蜂期间不在桃园用任何药剂。

④**加强栽培管理**。合理追施萌芽肥，萌芽前10天树体喷施5%尿素溶液加1%磷酸二氢钾溶液，补充树体营养，同时灌好萌芽水。花前一周进行花前复剪，并人工疏除部分花蕾。旺树及时抹芽、摘心，改善光照条件，提高光合性能。及时疏除双子果、畸形果、过密果，减少养分无效消耗。5月上旬，若树势旺，应及时叶面喷施多效唑，调节生长平衡。生理落果期注意叶面喷肥，补充树体营养，调节树势，减少生理落果。

四、果实套袋

1 果实套袋的好处

提高果实外观品质

套袋后果面干净、鲜艳，果实外观品质明显提高，如燕红，果面为暗紫红色，经过套袋变为粉红色，色泽艳丽。对于不易着色的晚熟品种，如中华寿桃、晚蜜等，经过套袋，全面着色，果面光洁，艳丽美观。

防止裂果

由于果实发育期长，一些晚熟品种果实长期受不良环境、病虫害、药物的影响，表面老化，果实进入成熟期后易发生裂果。通过套袋可以有效地防止裂果。

减轻病虫危害及果实农药残留

果实套袋可有效防止梨小食心虫、橘小实蝇、椿象及桃炭疽病、褐腐病的危害，提高优质果率，减少损失。同时，果实套袋后不与农药直接接触，农药残留也明显减少，因此套袋已成为果实安全生产的重要手段。

减轻和防止自然灾害发生

近几年自然灾害发生频繁，如夏季高温、冰雹等在各地时有发生，给生产带来了一定损失。对果实进行套袋，可有效防止果实日灼发生，并可减轻冰雹危害。

果实套袋虽然有诸多好处，但同时也存在缺点。果实套袋后可溶性固形物含量下降，香气变淡，内在品质降低，且生产成本增加。

2 果袋的种类与选择

果袋的种类

果袋的种类较多，按不同的标准可分为不同的类型。

①**按层数分**。果袋按层数划分可以分为单层、双层和三层袋。单层袋又可分为白色、浅黄色、黄褐色、黑色和灰褐色袋，双层袋又有外灰内黑、外黄内黑、外花内黑、外灰黄内黑、外黄内白和外白内黄等之分。

77

②**按制作材料分**。按制作材料可以分为纸袋、塑膜袋、无纺布袋、液膜袋。其中，纸袋和塑膜袋在生产上使用较早。无纺布袋具有透气、透光、韧性好的特点，但套袋操作费时，限制了其推广使用，但其作为双层或三层袋的内层材料（外层材料为纸），可克服其缺点，在容易生果锈的油蟠桃、油桃品种上使用效果很好。液膜袋是根据生物膜原理，采用现代仿生技术与控制释放技术的一种新型果袋，通过喷施果面就可完成套袋，缺点是使用时需要喷匀，并且毛桃果面不利于喷涂。

③**其他**。按透光性分为透光袋与遮光袋。按纸袋上是否有蜡层分为涂蜡袋和非涂蜡袋。近几年，我国各地相继推出了不同类型的果袋，各地可以先试验，待成功后选择效果较好的袋型。

果袋的选择

果袋应根据品种特性和立地条件灵活选用。一般早熟品种、易于着色的品种或设施栽培的品种使用白色或黄色袋，晚熟品种用橙色或褐色袋。极晚熟品种使用深色双层袋（外袋灰色，内袋黑色）。果实生长期多雨的地区宜选用浅色袋。对于难着色的品种，可以选单层袋和双层袋，双层袋的外层是外白内黑的复合单层纸，内层是白色半透明袋。晚熟品种如中华寿桃用双层深色袋最好。

3 适合套袋的品种

自然条件下着色不鲜艳的晚熟品种

有些品种在自然条件下可以着色，但是不鲜艳，表现为暗红色或深红色，如燕红等。

自然条件下不易着色的品种

有些品种在自然条件下基本不着色，或仅有一点红晕，如深州蜜桃、肥城桃等。

易裂果的品种

自然条件下或遇雨易发生裂果，如中华寿桃、燕红、21世纪、华光、瑞光3号等。

加工制罐品种

自然条件下，由于太阳光照射，果肉内部易有红色素，影响加工性。常见的有金童系列品种。

其他品种

由于套袋果实价格高，所以果农在一些早熟或中熟品种上也进行套袋，如早露蟠桃和大久保等。

4 套袋时间

套袋在定果后（谢花后7周）进行，时间应掌握在主要蛀果害虫入果之前，郑州地区在5月中下旬完成。不易落果的品种、早熟品种及盛果期树先套袋，易发生落果的品种及幼树后套袋。套袋应选择晴天，避开高温天、雾天，更不能在幼果表面有露水时套袋，适宜时间为上午9—11时和下午3—6时。

5 套袋前准备

套袋前，全园喷施1次杀虫杀菌剂并施1次钙肥，防治桃细菌性穿孔病、疮痂病、褐腐病等病害和桃蚜、桃蛀螟、梨小食心虫、绿盲蝽、小绿叶蝉、叶螨等虫害，根据上年病虫害发生情况用药。常用的杀菌剂有50%吡唑醚菌酯水分散粒剂3 000倍液，或10%苯醚甲环唑水分散粒剂1 500 ~ 1 800倍液，或3%中生菌素可湿性粉剂600 ~ 800倍液；常用的杀虫剂有20%灭幼脲悬浮剂1 000倍液，或22%氟啶虫胺腈悬浮剂4 000 ~ 5 000倍液，或70%吡蚜酮水分散粒剂4 000倍液，或20%氯虫苯甲酰胺悬浮剂2 000 ~ 3 000倍液。在喷药时可加氨基酸钙，为果实补一次钙肥。药液干后套袋，并且在喷药后2天内完成套袋。

6 套袋方法

套袋前，将果袋放于潮湿处，使之返潮、柔韧。选定幼果后，小心地除去附着在果实上的花瓣及其他杂物，左手托住果袋，右手撑开袋口，或用嘴吹开袋口，使袋体膨起，袋底两角的通气放水孔张开，手执袋口下2 ~ 3厘米处，袋口向上或向下，套入果实，并使果柄置于袋的开口基部（不要将叶片和枝条装入果袋内），从袋口两侧依次按折扇方式折叠袋口于切口处，最后用袋口侧边的捆扎绳扎紧袋口（图5-5）。

图5-5　果实套袋过程

　　套袋顺序是先上后下，从内到外，防止遗漏（图5-6）。树冠上部及骨干枝背上裸露果实应少套，以避免日灼。无论绳扎或铁丝扎袋口均需扎在结果枝上，扎在果柄处易造成压伤或落果。注意一定要使幼果位于袋体中央，不要使幼果贴在纸袋上，以免灼伤。

图5-6　套袋中

7 摘袋

桃是否摘袋及摘袋时间因品种、用途及地区不同而异。鲜食品种采收前摘袋，有利于着色。一些黄肉桃品种不摘袋，果实颜色金黄亮丽，更能吸引消费者。用于罐藏加工的桃，为减少果肉内色素的产生，可以带袋采收，采前不必摘袋。果实成熟期间降水集中地区，裂果严重的品种也可不摘袋。梨小食心虫发生较重的地区，果实摘袋后要尽早采收，否则如正遇上梨小食心虫产卵高峰期会受虫害。橘小实蝇危害较严重地区可考虑不摘袋。

硬肉桃品种于采前3～5天摘袋，软肉桃品种于采前2～3天摘袋。不易着色的品种，如中华寿桃以在采前10天摘袋效果为好。摘袋宜在阴天或傍晚时进行，使桃免受阳光突然照射而发生日灼，也可在摘袋前数日先把纸袋底部撕开，使果实先受散射光照射，然后逐渐将袋摘掉。

8 套袋后及摘袋后管理

一般套袋果的可溶性固形物含量比不套袋果有所降低，在栽培管理上应采取相应措施，提高果实可溶性固形物含量。主要的措施有以下几种。

增施有机肥和磷、钾肥等

尽量少施或不施氮肥，增加有机肥和磷、钾肥的施用量，可以提高果实品质，尤其是可溶性固形物含量。

适度修剪

为使果实着色好，摘袋前后疏除背上枝、内膛徒长枝，以增加光照度。

适度摘叶

摘叶就是摘除遮挡果面的叶片，是促进果实着色的技术措施，在摘袋后进行。

摘叶的方法：左手扶住果枝，用右手大拇指和食指的指甲将叶柄从中部掐断，或用剪刀剪断，不要将叶柄从芽体上撕下，以免损伤母枝的芽体。在叶片密度较小的树冠区域，也可直接将遮挡果面的叶片扭转到果实侧面或背面，使其不再遮挡果实。

五、铺反光膜

桃园铺设反光膜既可促进果实着色，提高果实品质，又可调节果园小气候，已开始在生产中应用。

1 反光膜的选择

反光膜宜选用反光性好、防潮、防氧化、抗拉力强的复合性塑料镀铝薄膜，一般可选用聚丙烯、聚酯铝箔、聚乙烯等材料制成的薄膜。这类薄膜反光率一般可达60% ~ 70%，使用效果比较好，可连续使用3 ~ 5年。

2 铺设方法

时间

套袋园一般在摘袋后马上铺膜，没有套袋的果园在果实着色前进行。

准备工作

清除地面上的杂草、石块、木棍等。用铁耙把树盘整平，略带坡度，以防积水。套袋果园要先摘袋后铺膜，并适当摘叶。摘袋后至铺膜前要全园喷洒1遍杀菌剂，以水制剂为主。对树冠内膛郁闭枝、拖地的下垂枝及遮光严重的长枝可适当进行回缩和疏除，以打开光路，使更多的光能够反射到果实上，提高反光膜的反射效率。

具体方法

顺着树行铺设，铺在树冠两侧，反光膜的外缘与树冠的外缘对齐。铺设时，将整卷的反光膜放于果园的一端，然后倒退着将膜慢慢地滚动展开，并随时用砖块或其他物体压膜，以防止风吹膜动。用泥土压膜时，最好将土壤事先装进塑料袋中，可使膜面保持干净，提高效果。铺膜时要小心，不要把膜刺破。一般铺膜面积为300 ~ 400米^2/亩。

铺后管理

铺上反光膜以后，要注意经常检查，遇到大风或下雨天气应及时采取措施，把刮起的反光膜铺平，将膜上的泥土、落叶和积水清理干净，以免影响效果。采收前将膜收拾干净后妥善保存，以备翌年使用。

六、裂果发生的原因及防止措施

1 裂果发生的原因

裂果指在果实发育过程中果皮开裂，是一种生理性病害，主要以树冠下部多、枝条过密处多，发生原因主要有以下几个。

品种特性

品种特性是裂果发生的内因。受品种自身遗传特性的影响，不同品种的树势及果实的生长特性、果形、果皮结构等均有差异，裂果发生程度不同，如油桃品种较普通毛桃品种易发生裂果，晚熟品种较早熟品种易裂果（图5-7）。

图5-7　桃果实裂果

气候因素

影响裂果的气候因素主要有温度、降水和空气相对湿度，尤其是在果实迅速膨大期等敏感期，前期干旱突遇降水，或降水后迅速转为高温晴天，均易导致果实内外生长不一致，造成大量裂果。

栽培管理因素

①肥水管理。施肥不合理，果实缺钙，容易发生裂果。土壤中钙元素不足，或过量使用氮肥，影响树体对钙元素的吸收，均会导致果实缺钙。

在果实快速发育期，干旱时浇水或降水后，果实吸收水分过多，会造成裂果。

②修剪。修剪过重导致生长过旺，造成营养失调，或留枝量过多导致光照不足，这些问题都会加重裂果的发生。

③**病虫害防治**。一些病虫害如蚜虫、疮痂病等防治不及时会造成裂果。

2 防止裂果发生的措施

水分管理

油桃对水分较敏感，在水分均衡的情况下裂果轻，所以一定要重视排灌设施，旱时适时灌水，涝时及时排水。要保持水分的相对稳定，切忌在干旱时浇大水。

果实套袋

通过套袋使果实处于一个相对稳定的环境中，是防止裂果较有效的技术措施。

合理施肥，增施有机肥

合理施肥，大量元素（氮、磷、钾）和中微量元素（铁、锌、锰、钙等）肥料合理搭配，尤其是增施钙肥。增施有机肥可以改善土壤物理性质，增强土壤的透水性和保水力，使土壤供水均匀，防止裂果。

加强病虫害防治

果实受病虫危害后可能会裂果，要加强病虫害防治。

合理修剪和负载

幼树修剪以轻为主，重视夏剪，使其通风透光，促进花芽形成。冬剪以轻剪为主，采用长枝修剪，避免因修剪过重导致营养失调，加重裂果。严格进行疏花疏果，提高叶果比，促进光合作用，改善营养状况，防止裂果发生。

适时采收

有些品种，尤其是油桃品种，成熟度较大时易发生裂果。枝头附近的果实较大，更易裂果，要及时采收。

七、裂核发生的原因及防止措施

1 裂核发生的原因

裂核指果核沿缝合线开裂，也是桃的生理性病害，随着果个增大，裂核加重，裂核是优质果实生产中的大问题（图5-8）。裂核的发生主要是出幼果异常膨大引起的，而导致异常膨大的原因如下：叶果比过大（坐果不足）；新梢生长受抑制过度；土壤干旱后遇大雨，或者人为造成水分剧烈变化。早熟品种裂核后能够正常成熟，晚熟品种裂核后常自然落果。

图5-8　桃裂核

2　防止裂核发生的措施

适时疏花疏果，合理负载

对于坐果率较低的品种，最好不疏花，只疏果，推迟定果时间。对于坐果率较高的品种，花期先疏掉1/3的花，硬核期前分2次疏果。疏果时保留中等偏大果，特别大的果要疏除。总之，要适时疏花疏果，合理负载，防止营养过剩，以减少大果和特大果裂核的发生。

合理施肥和灌水

科学施肥。多施有机肥，尽可能提高土壤有机质含量，改善土壤通透性。增施磷、钾肥，控制氮肥施用量，合理补充中微量元素（铁、锌、锰、钙等）肥料，尤其要增施钙肥，避免依靠大肥大水生产大型果和特大型果。对于裂核严重的品种，秋施基肥时间要早，萌芽后，特别是花后不施肥，对生长势弱的树可在新梢停止生长期追施氮肥。

合理灌水，及时排水。桃硬核期，以地面下20厘米处土壤手握可成团、松手不散开为水分适宜，这时应该进行控水。遇连阴雨天气应加强桃园排水。推广滴灌、喷灌和渗灌技术，避免大水漫灌。

合理修剪，改善通风透光条件

长放修剪，缓和生长势，调节生长与结果的平衡。加强夏季修剪，保持良好的通风透光环境。

八、果实采收和包装

1 果实采收

采收期

桃的大小、品质、风味和色泽是在树上发育过程中形成的，采收后基本不会再有提高。采收过早，果实没有达到应有的大小，果实着色和风味较差；采收过晚，果实变软，不耐贮运，并且风味品质变差，采前落果也会增加。

①确定成熟的依据。

▶**果实发育期和历年采收期**。每个品种的果实发育期是相对稳定的，但也与开花期早晚、果实发育期间温度等有关，所以果实成熟期在不同的年份也会有变化。

▶**果皮颜色**。以果皮底色的变化为主。底色由绿色到黄绿色或乳白色或橙黄色。

▶**果肉颜色**。白肉桃果肉颜色由青色转为乳白色或白色，黄肉桃果肉颜色由青色转为黄色。

▶**果实风味**。果实变甜，酸度降低，有香味，果汁增多，表现出品种固有的风味特性。

▶**果实硬度**。果实成熟时，细胞壁的原果胶逐渐水解，细胞壁变薄，不溶质桃果肉开始有弹性，可通过测量硬度判断果实成熟度。

②桃果实成熟度划分等级。

▶**七成熟**。果实充分发育，果面基本平整，果皮底色开始由绿色转变为黄绿色或白色，茸毛较厚，果实硬度大。

▶**八成熟**。果皮绿色大部褪

去，茸毛减少，白肉品种果肉呈绿白色，黄肉品种果肉呈黄绿色，有色品种果皮开始着色，果实仍硬。

▶**九成熟**。果皮绿色全部褪去，白肉品种果肉呈乳白色，黄肉品种果肉呈浅黄色，果面光洁、充分着色，果肉弹性大，有芳香味。

▶**十成熟**。果实变软，溶质桃柔软多汁，硬溶质桃开始发软，不溶质桃弹性减小。这时溶质桃硬度已很小，易受挤压。

③**适宜采收期确定依据**。桃适宜采收期要根据品种特性、用途、市场远近和贮藏条件等因素来确定。

▶**品种特性**。有的品种可以在树上充分成熟后再采收，不用提前采收，如有明、早熟有明、美锦等。有的品种在树上充分成熟后果实硬度下降、变软，需要提前采收，如大久保、雪雨露等。溶质桃宜适当早采收，尤其是软溶质桃品种。

▶**用途**。加工用的桃应在八成熟时采收。

▶**市场远近**。一般距市场较近的，宜在八九成熟时采收。距市场远、需长途运输的，可在七八成熟时采收。

▶**贮藏**。供贮藏用的桃应采收早一些，一般在七八成熟时采收。

采收方法

首先要根据估计产量，安排、准备好采收所需各种人力、设施、工具及场地等。桃硬度低，采收时易划伤果皮。因此，工作人员应戴好手套或剪短指甲，采收时要轻采轻放，不能用力捏果实，而应用手托住果实微微扭转，顺果枝侧上方摘下，以免碰伤。对果柄短、梗洼深、果肩高的品种，摘时不能扭转，而要用全手掌轻握果实，顺枝向下摘取。蟠桃果柄处易撕裂，采时尤其要注意。另外，最好带果柄采收。若果实在树上成熟不一致时，要分批采收。树上采收的顺序是由外向里，自上而下，逐枝采收。采果的篮子不宜过大，以能容纳2.5～4.0千克的果实为宜，篮子内垫海绵或厚布以保护果实。

2 果品包装

为防止运输、贮藏或销售过程中果实的摩擦、挤压、碰撞而造成果实损伤和腐烂，减少水分蒸发和病害蔓延，使果实保持新鲜，采收、分级后必须妥善包装。包装容器必须坚固耐用，清洁卫生，干燥无异味，内外均无刺伤果实的尖凸物，对果实具有良好的保护作用。包装内不得混有杂物影响果实外观和品质。包装材料及标签应无毒安全。

内包装

内包装通常为衬垫、铺垫、浅盘、各种塑料包装膜、包装纸及塑料盒等。其中，最适宜的内包装是聚乙烯等塑料薄膜，它可以保持湿度，防止水分损失，且果实本身的呼吸作用能够在包装内形成高CO_2、低O_2的自发气调环境。

外包装

外包装以纸箱较合适，箱子要低，一般每箱装2～3层，能容纳2.5～10千克的果实，隔板定位，以免相互摩擦挤压，箱边应有通气孔，确保通风透气，装箱后用胶带封好。

对于要求特别高的果实，可用扁纸盒包装，每盒仅装一层果，盒底上用聚氯乙烯或泡沫塑料压制成凹窝衬垫，每个窝内放一个果，每个果实套上塑料网套，垫碎纸条等，以防挤压，每盒装8～24个果（图5-9）。

图5-9　桃包装

第六章

桃树高接换优

嫁接时期及方法

接穗、砧木的准备

嫁接具体操作

嫁接应该注意的问题

嫁接后的管理

桃树是果树中较怕重茬的树种之一，用嫁接技术更换品种、改造老园可避免重茬问题，不但省钱省工，而且见效快。

一、嫁接时期及方法

1 嫁接时期

桃树高接在春季、夏季均可进行。春季，在萌芽前开始嫁接，嫁接越晚成活率越高；嫁接越早，虽然因为温度低，伤口愈合慢，成活率低些，但生长时间长，植株长势好。河南郑州地区3月上旬开始，有条件的情况下，将接穗存放在冷库中，嫁接可持续至4月上旬，甚至更晚。夏季嫁接从5月下旬开始，可持续至11月上中旬，在气温较高的情况下（当天最高温度15℃左右）可一直进行。

2 嫁接方法

芽接

桃树芽接具有节省接穗、伤口较小、易于愈合、生长较快的特点。常用的方法有带木质部芽接和方块芽接2种。

①带木质部芽接。在春季、夏季嫁接中都可用带木质部芽接法，受时间限制较小，而且嫁接手法简单，速度快。

②方块芽接。方块芽接要求接穗、砧木离皮，一般在夏季嫁接时用该法。与带木质部芽接相比，方块芽接伤口愈合更好，嫁接后生长更快，只是嫁接时稍费时间。

枝接

春季在较粗的多年生枝干上嫁接时，多用枝接中的插皮接法，可克服芽接伤口愈合不理想的缺点。

插皮接也称皮下接，在砧木离皮时进行。该方法接穗与砧木形成层接触多，伤口愈合快；嫁接时插入多个接穗，可避免砧木切面上距离活的枝条较远的地方干枯；成活后生长点多，可避免旺长，树体成形快，当年形成的结果枝花芽质量好。

二、接穗、砧木的准备

1 接穗的采集与处理

接穗从品种纯正、生长健壮的结果树上采集。

用于春季枝接的接穗，在桃树落叶后至萌芽前均可采集。接穗选择成熟度好、芽眼饱满、无病虫害的一年生枝条。50 ～ 100根扎成一捆，挂上标签，沙藏，也可随采随用。有条件的情况下，在地温升到10℃时，转入冷库保存。嫁接前1天取出接穗，立在清水中12 ～ 24小时，使接穗吸足水分。

夏季嫁接的接穗，剪取当年生长健壮的新梢，去叶片并留约0.2厘米长的叶柄。最好随采随接，提前采接穗时，时间不应过久，要特别注意防止接穗失水。

2 砧木的准备

树龄在10年以下的健壮树适合高接。树势较弱但树龄较小而又有复壮能力的树，应在加强土肥水管理、复壮树势后进行高接。如果树龄大于10年，树势强的也可以进行高接。

大树改接时根据原树冠上骨干枝的分布情况，在合适的位置多头高接，以便保持树体地上部分与地下部分的平衡，使树冠较快恢复。春季嫁接的树不需要冬剪，去枝和嫁接同时进行，嫁接部位下部的枝作为辅养枝保留。夏季若在5月下旬至6月上旬（河南郑州地区）嫁接，嫁接的同时剪砧，接芽很快萌发，当年树冠基本恢复，嫁接时注意留辅养枝；夏季嫁接如果时间较晚，也可不剪砧，嫁接芽不萌发，当年正常收获果实，翌年春季萌芽前剪砧。一般大树嫁接20个芽左右，中等树嫁接12个芽左右，小树嫁接6个芽左右。

三、嫁接具体操作

嫁接前4 ~ 5天浇一次透水，以保证土壤水分充足。

1 插皮接

砧木处理

在砧木枝干光滑平直的合适部位锯（剪）断，并用刀将锯口削光滑，以便伤口愈合。

削接穗

将接穗削成3 ~ 4厘米长的马耳形斜面，在另一面削去表皮，露出形成层，下端削成长0.5厘米左右的斜面，最好在短斜面两侧再各轻削一刀，形成尖顶状，以利插入砧木中（图6-1）。接穗留2 ~ 4个芽，在上芽的上方0.5厘米处剪断。

图6-1　削好的接穗

切砧木

在迎风面，从剪口向下将皮层切一竖口，长约1.5厘米，深达木质部，同时从刀缝处将树皮向两侧挑开。

插接穗

把接穗的长削面向着砧木木质部一面，紧贴木质部向下插入，使接穗处于砧木的木质部和皮层之间，接穗削面最上部留0.2厘米在砧木劈口的上面（露白），以利愈合（图6-2）。可根据砧木粗细插入1 ~ 4个接穗。

图6-2　接穗插入砧木中

绑扎

插入接穗后立即用嫁接绑膜或塑料薄膜条严密绑扎，并将接穗用绑膜裹严实保湿，包裹时将芽体露在外边（图6-3）。图6-4为嫁接当年7月嫁接体生长及伤口愈合情况，等到秋季落叶时嫁接口已经不明显。

图6-3　用绑膜包裹接穗保湿

图6-4　嫁接当年7月嫁接体生长及伤口愈合情况

2 带木质部芽接

砧木处理

在合适部位选直径为 1 ~ 2 厘米的一年生枝或二年生枝，以一年生枝最佳，成活率高，伤口愈合好，二年生枝生活力较差，成活率相对较低。要嫁接的枝条可以是直立的，也可以是斜向生长的。若嫁接芽当年不萌发，则不需要剪砧，只需要剪去接口附近的枝条；反之，在接口部位以上留1片叶剪砧，并去掉叶腋的芽。

削接芽

在接穗芽上方 1 ~ 2 厘米处向下斜切一刀，长度 2 ~ 3 厘米，深达木质部，再从芽的下方 1 ~ 2 厘米处约成45°角斜切一刀，取下带木质部的接芽。接芽要求长一些，以便增大与砧木切口的接触面，一般以 2 ~ 3 厘米为宜，带木质部的接芽在保证芽体完整的前提下尽量削薄一些（图6-5）。一般接芽过薄容易损伤芽片内的维管束，嫁接后接芽虽愈合，但芽不萌发；接芽过厚易缺水干枯。

切砧木

用同样的方法在砧木的光滑部位切一个与接芽基本相同或稍

图6-5　削好的接芽

长的切口。

砧芽对接

将接芽嵌入砧木切口内，接芽和砧木的两侧形成层至少要一侧对齐，接芽下方要紧贴在接口底部，上方要与砧木切口对齐或略低（图6-6），以便伤口愈合。

绑扎

用塑料薄膜将砧木、接芽包严扎紧，芽一般要露在塑料薄膜的外面，当年不萌发可以将接芽包上（图6-7）。图6-8为上年秋季嫁接后春季发芽生长情况。该方法嫁接初期伤口愈合不理想，但一个生长季后这个问题就不存在了。

图6-6　嵌入接芽后绑扎

图6-7　绑扎好的砧木和接芽

图6-8　带木质部芽接，嫁接芽萌发

3 方块芽接

砧木处理

砧木的处理与带木质部芽接相同。

取接芽

用双刀片嫁接刀垂直接穗切下，再用一侧的单刀在芽的左右各纵切一刀，深达木质部，用拇指按住芽一侧向另一侧推，取下方块形接芽（图6-9）。忌从接穗上撕下芽，这样容易损伤接芽内部的维管束，嫁接后接芽易脱落或不萌发。

图6-9　取接芽
a.处理过的接穗　b.取下接芽的枝
c.取下的接芽

切砧木

用双刀片嫁接刀垂直砧木切下，再用一侧的单刀垂直伤口切一刀，深达木质部，然后将砧枝的皮揭开（图6-10）。

图6-10　切砧木

砧芽对接

将接芽嵌入砧木切口内，砧木的皮覆在接芽外（图6-11）。

图6-11　砧芽对接

绑扎

与带木质部芽接绑扎相同。图6-12为方块芽接发芽情况。

图6-12　方块芽接，嫁接芽萌发

四、嫁接应该注意的问题

1　选择合适的天气

桃树伤口淋雨极易发生流胶，影响嫁接成活率，因此嫁接时应避开雨天。

2　接穗的选取

由于芽的异质性，枝条下部的芽发枝弱，开张角度大，上部的芽发枝强，中部的芽发出的枝长势中庸，因此，在嫁接时最好选枝条中部作为接穗。

接穗质量要好，夏季嫁接尽量用当天采的接穗。

3　嫁接操作

削面要平整

嫁接刀要锋利，削面要平整、光滑，这样接穗和砧木之间才能紧密贴合，便于愈合。

嫁接速度要快

嫁接速度要快，减少接穗、接芽的失水及伤口氧化，提高成活率。

形成层对齐

当砧木和接穗的形成层产生的愈伤组织结合后，两者才会形成整体，因此形成层对齐是嫁接成活的关键。

绑扎要紧密

绑扎不紧密，接穗和砧木之间有空隙，伤口不愈合，还会造成嫁接部位失水，这都会降低嫁接成活率。

五、嫁接后的管理

嫁接后的管理是嫁接换优工作中的重要部分，管理水平直接影响到嫁接成活率和生长发育。

1 检查成活情况及解除绑膜

嫁接后10～15天检查成活情况，成活接穗上的芽新鲜、饱满，叶柄一碰即落，甚至已经萌发，而未成活的接芽变黑或干枯。春季嫁接未成活的树，在合适部位留枝条，待枝条半木质化后采用芽接法进行补接；夏季嫁接未成活的树随时补接，注意在6月下旬以后嫁接的不剪砧，翌年萌芽前在接芽上0.5厘米处剪砧。

观察砧木和接穗愈合情况，绑膜轻微勒缢嫁接口时，用嫁接刀划破绑膜解绑。如果解绑过晚，会影响接口处增粗和枝条生长，过早则伤口愈合处开裂，容易死亡。

2 除萌蘖

嫁接后，砧木上的芽大多数会早于接穗的芽萌发，这样会影响接穗发芽，严重的会导致接穗死亡。除萌蘖需进行多次，第一次在检查成活的同时进行。当接穗芽萌发后快速生长时，萌蘖会大大减少或不发生。需要注意的是，对于大树改接，早期除萌蘖的原则是在保持接穗芽的顶端优势的同时，留较多的叶片辅养根系，即只抹去嫁接口附近的萌蘖，而对嫁接口下部的萌蘖，及时摘心留作辅养枝。

3 立支柱培养

桃树生长量大，要防止在嫁接口愈合不完全时被风刮折，当嫁接芽萌发长到40厘米长时，应及时立支柱绑缚，并根据不同树形培养的要求，通过绑缚调整骨干枝的开张角度，及时整形。在图6-13中，嫁接部位少，根系的营养和水分集中供应少量的生长点，再加之没有及时立杆绑缚，造成直立旺长，影响树形。具体的整形技术见第三章内容。

图6-13　高接后未及时引绑调整角度，枝条直立旺长

4 田间管理

嫁接后要注意土壤水分充足，以保证树的水分供应，促进嫁接口愈合。在发现缺肥时要及时追肥，包括叶面喷肥。除此之外，还要注意中耕除草和病虫害防治。秋季适当控制肥水，促进枝条成熟。

第七章

修剪、嫁接工具及机械

修剪与嫁接工具

修剪机械

一、修剪与嫁接工具

1　修枝剪

　　修枝剪要求剪刃锋利，剪枝不夹皮，剪簧软硬适中，剪柄宽阔平缓，使用称手（图7-1）。

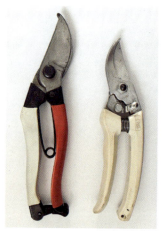

图7-1　修枝剪

　　新剪刀可直接使用，剪刃需磨时，一般也不拆开。不剪较大的干硬枝。一般情况下，只要枝条能含到剪口中，就能被剪断。剪枝时，特别是粗大枝，只能上下转动，绝不能左右扳拧，这样剪刀容易松口，刀刃也容易崩。对于粗大枝，可用长柄修枝剪（图7-2），由于杠杆的作用力，剪枝时比较省力。高处枝条修剪时，用高枝剪（图7-3）则较为方便。近年来，电动修枝剪的应用也越来越普遍，可以大大提高修剪效率（图7-4）。

图7-2　长柄修枝剪

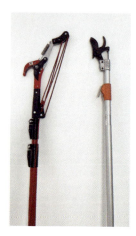

图7-3　高枝剪

图7-4　电动修枝剪

2 梯子

桃树树体比较高大，在修剪、疏花疏果中经常会用到梯子（图7-5）。1.5米或2.5米的铝合金折叠梯搬动方便、高低可调，用得比较多。

3 手锯

常用的手锯有直锯和折叠锯（图7-6）。锯枝时用力要均匀，锯口要光滑。手锯不锋利时可用菱形锉刀磨锯齿。另外，还有高枝锯、电动手锯等（图7-7）。

图7-5 铝合金折叠梯

图7-6 折叠手锯

图7-7 电动手锯

4 嫁接刀

桃树的嫁接在不同的时期可采用枝接或芽接，所用嫁接刀有枝接刀（图7-8）和芽接刀（图7-9）。

图7-8　枝接刀（右边的刀为自制嫁接刀，为左手用刀）

图7-9　芽接刀（左边的刀为壁纸刀，刀片不锋利时可替换；右边为自制双刀片方块芽接刀）

二、修剪机械

1　升降平台

在树体较为高大时，修剪可使用升降平台（图7-10）。人站在升降平台上，可以大大提高修剪效率。适用于平地果园。

图7-10　履带电动升降平台

2 枝条收集机

拖拉机牵引耙状装置，将剪下来的枝条收集起来，粉碎还田或清理出果园（图7-11）。适用于平地且行距比较大的果园。

图7-11 收集枝条的简易设备——拖拉机牵引耙状装置

3 枝条粉碎机

将剪下来的枝条粉碎（图7-12）。由于环保要求，以前火烧处理枝条的办法不能采用，导致大量的枝条无处堆放，而枝条粉碎后可还田，符合环保要求。但应该注意的是，因为枝条带有一定量的虫卵、病原菌，所以最好人工接种菌种发酵后再用作有机肥。

图7-12 燃油动力枝条粉碎机

主要参考文献

鲍金平，吴英俊，2020. 桃病虫害诊断与防治彩色图谱 [M]. 北京：中国农业科学技术出版社.

陈茜茜，王晓珊，赵洋洋，等，2021. 桃果套袋对6种典型农药沉积分布和残留的影响 [J]. 农药学学报，23(6):1205-1212.

程阿选，宗学普，2000. 看图剪桃树 [M]. 北京：中国农业出版社.

范永强，2020. 现代桃树栽培 [M]. 济南：山东科学技术出版社.

龚文杰，蒋华，2018. 西南地区桃绿色高效栽培技术 [M]. 北京：中国农业出版社.

胡征令，施泽彬，2019. 桃优质高效栽培技术 [M]. 北京：中国农业出版社.

姜林，2020. 桃新品种及配套技术 [M]. 北京：中国农业出版社.

李绍华，2013. 桃树学 [M]. 北京：中国农业出版社.

马之胜，王越辉，2018. 桃园生产与经营致富一本通 [M]. 北京：中国农业出版社.

王力荣，2020. 中蟠、中油蟠系列桃品种关键栽培技术 [J]. 果农之友 (7):1-6.

王力荣，朱更瑞，方伟超，2012. 中国桃遗传资源 [M]. 北京：中国农业出版社.

许领军，许利青，张亚冰，2021. 怎样提高桃种植效益 [M]. 北京：机械工业出版社.

俞明亮，郭磊，2021. 农事指南系列丛书 桃产业关键实用技术100问 [M]. 北京：中国农业出版社.

张鹏飞，2020. 图说果树嫁接技术 [M]. 北京：化学工业出版社.

赵杰，顾燕飞，2021. 桃树栽培与病虫害防治 [M]. 上海：上海科学技术出版社.

周蕾，管恩桦，王志远，2020. 桃高效栽培技术 [M]. 北京：中国农业科学技术出版社.

朱更瑞，2011. 图说桃高效栽培关键技术 [M]. 北京：金盾出版社.

图书在版编目（CIP）数据

图解桃树整形修剪从入门到精通 / 郝峰鸽，牛生洋主编. -- 北京：中国农业出版社，2024. 10. -- (整形修剪轻松学系列). -- ISBN 978-7-109-32216-5

Ⅰ. S662.1-64

中国国家版本馆CIP数据核字第2024CG5370号

中国农业出版社出版

地址：北京市朝阳区麦子店街18号楼

邮编：100125

责任编辑：郭　科　　文字编辑：王禹佳

版式设计：王　晨　　责任校对：吴丽婷　　责任印制：王　宏

印刷：北京缤索印刷有限公司

版次：2024年10月第1版

印次：2024年10月北京第1次印刷

发行：新华书店北京发行所

开本：880mm×1230mm　1/32

印张：3.75

字数：115千字

定价：36.00元